BBC專家為你解讀

生活小細節

EVERYDAY SCIENCE: A LITTLE GUIDE TO UNDERSTANDING LIFE

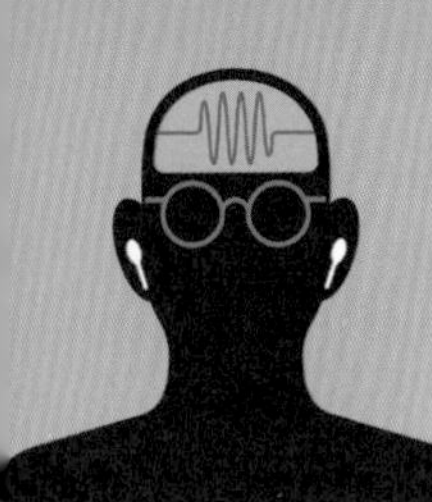

CONTENT

為什麼吃飽就想睡覺？ 6
為什麼有人白天就昏昏欲睡？ 8
打鼾人可能有何健康問題？ 10
「低多巴胺早晨」有科學根據嗎？ 14
為什麼我總是遲到？ 16
吃什麼能維持腦部神經的健康？ 18
為何難以建立運動習慣？ 22
慢慢跑有何益處？ 26
醫師說減重好棒棒的時候人們能減得更多？ 29
間歇性斷食真的有效嗎？ 31
戒菸的另一個好理由？ 36
有些腸道微生物能幫助減肥？ 38
燃燒更多脂肪的新方法？ 40
真的能透過皮膚吸收塑膠和化學物質嗎？ 43
為何我會脹氣？ 44
排便時應該踩個腳凳嗎？ 46
最佳的「黃金時間」是一天蹲廁所幾次？ 48

月球真的會影響女性的生理期嗎？ 50

預測並延後更年期的大膽計畫？ 52

停止月經是可行的嗎？ 56

為何人會懷念自己不曾置身的時代或地方？ 58

如何更能接受讚美？ 60

每個人都會覺得越有錢越幸福嗎？ 62

為什麼做善事能讓人感覺很棒？ 64

喜劇背後為什麼常有淚水？ 66

為什麼總是想不起來夢到了什麼？ 69

我總覺得自己做得不夠好該怎麼辦？ 70

該怎麼做才不會總想要對號入座？ 72

何謂記憶突點？ 74

為什麼人會喜歡收藏東西？ 76

為什麼有人做事拖拖拉拉，有人卻幹勁十足？ 78

鹹食為何如此令人滿足？ 82

融化起司的美味從何而來？ 83

蛋的用法那麼多樣，有替代品嗎？ 84

日常生活裡的超加工食品有哪些？ 86

少吃些超加工食品就夠了嗎？ 91

CONTENT

應該怎麼處理食品中的萬年化學物質？ 93
近期消除人類糧食短缺的最佳解為何？ 98
市售的研磨咖啡粉裡真的有磨碎的蟑螂嗎？ 99
提升咖啡滋味的小技巧？ 101
什麼是生日效應？ 103
為什麼照片裡的我和鏡子裡的我看起來差這麼多？ 105
應該禁止兒童使用 TikToK、Facebook 和 YouTube 嗎？ 107
為什麼在浴室唱歌那麼好聽？ 112
哪種音樂最能提高生產力？ 114
為何天氣冷時電池容易沒電？ 116
電動腳踏車電池起火機率增加了嗎？ 117

網路瀏覽器的無痕模式有多無痕？ 120
事實上拒絕 cookie 隱私會更沒保障？ 122
提高指認嫌疑犯正確率的互動式影像技術？ 124
如何找出深度偽造的影像？ 128
AI 對電影產業的改變將有多大？ 130
AI 能做出打動人心的音樂嗎？ 133
如何利用腦波來量身打造專屬歌單？ 137
記錄夢境的科技出現了嗎？ 139

掃地機器人怎麼知道要走哪裡？ 141
我們能和 AI 建立「人」際關係嗎？ 143
「我不是機器人」未來還有用處嗎？ 146
AI 可以預測氣候變遷嗎？ 148
如何研究南極冰層底下的地形？ 150
《魔鬼終結者 2》裡的 T-1000 機器人成真了？ 152
什麼時候會有大型變形機械裝甲可以穿？ 155
起腳踢機器人……有何問題嗎？ 156

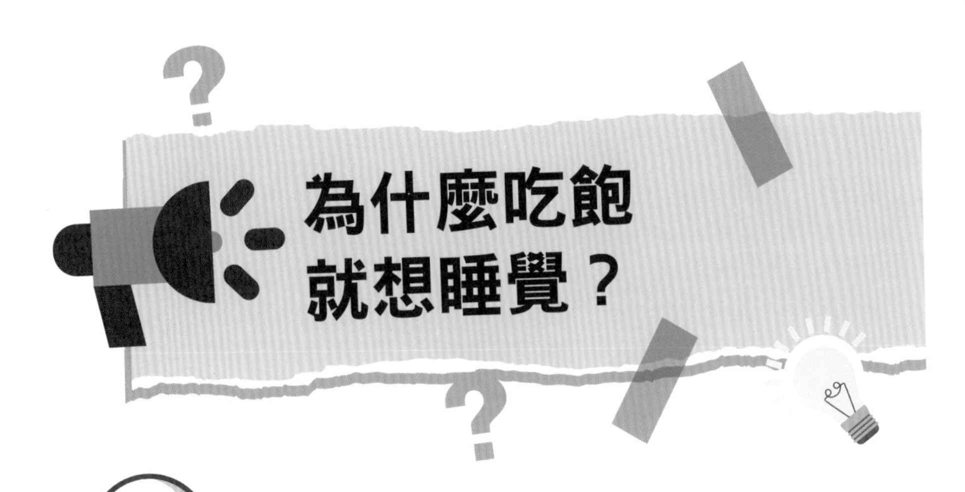

為什麼吃飽就想睡覺？

吃飽就想睡嗎？這種餐後嗜睡（postprandial somnolence）的症狀又叫做「食物昏迷」（food coma）。雖然人類已使用老鼠、果蠅及線蟲做過實驗，卻還未完全瞭解這種現象。

要是一餐中含有高碳水及高糖（如馬鈴薯、早餐麥片及白麵包），就更有可能讓你飯後嗜睡。這類食物有很高的升糖指數，會快速於體內釋放糖分。飆升的血糖會命令身體製造更多胰島素，接著引發一連串生物效應，讓肌肉和脂肪細胞吸收葡萄糖。這樣就有可能導致血糖驟降，讓人感到疲憊。

人在進食時，身體會啟動副交感神經系統，並進入「休息消化」模式，這與交感神經系統的「戰或逃」模式相反。休息消化模式引發睡意的程度，取決於一餐裡吃下的食物量。吃得越多，就需要休息越久。

胺基酸色胺酸可能也會讓人餐後嗜睡。色胺酸存在於許多富含蛋白質的食物中，例如蛋、魚及肉類等。胰島素會刺激肌肉吸收部分胺基酸，但不會刺激吸收色胺酸，所以色胺酸就這樣經由胺基酸轉運蛋白進入大腦，並於大腦中轉化為血清素和褪黑激素，兩者都會讓人放鬆和犯睏。

避免食物昏迷的最好辦法，就是少吃三明治或米飯等高碳水的食物。加入一些蛋白質、健康的油脂和蔬菜來平衡一下，一餐也不要吃太多。

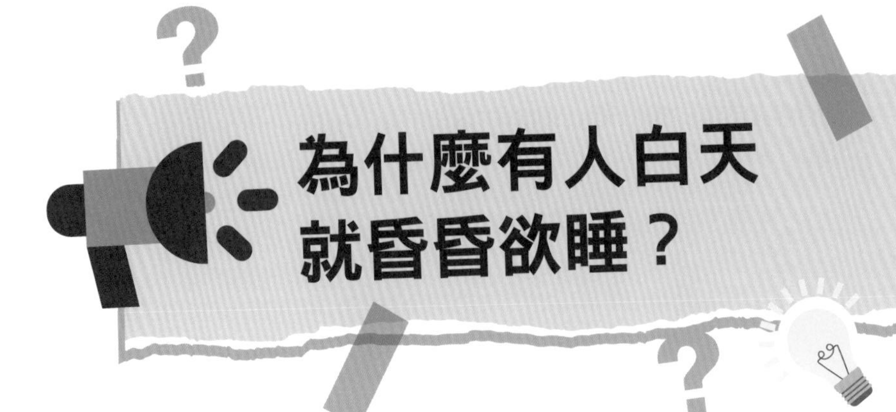

為什麼有人白天就昏昏欲睡？

如果你發現自己或有人一整天昏昏欲睡，可能是一種沒那麼罕見的睡眠障礙在作怪。

儘管前晚一夜好眠，許多人仍覺得自己一整天昏昏欲睡，疲倦不已。一項發表於 2023 年 12 月的研究指出，這可能是一種睡眠障礙，且存在情形可能比過往所認為的還要普遍。

原發性嗜睡症（idiopathic hypersomnia）是一種神經系統疾病，症狀包括白天時非常疲累、睡眠時間過長、難以醒來，甚至醒來時迷失方向。

雖然本質上相似，但原發性嗜睡症與較為常見的猝睡症（narcolepsy）並不相同。猝睡症患者同樣會覺得一整天疲累不堪，但睡眠時間往往不會過多，而且小睡醒來後會覺得神清氣爽。

「要判斷原發性嗜睡症的盛行率相當困難，因為需要進行所費不貲又耗時的睡眠檢測。」這篇研究的作者，美國威斯康辛大學麥迪遜分校的大衛・T・普蘭特博士（David T Plante）說道，「我們檢視了一些大型睡眠研究的資料，發現這種情況比過往所估計的更為常見，普遍程度與其他常見的神經及精神疾病一般，如癲癇、躁鬱症及思覺失調症。」

研究人員分析的睡眠資料來自 792 人，平均年齡為 59 歲。每一位受試者必須完成一次過夜睡眠檢測，以及一次白天小睡檢測，檢測他們入睡時間的速度。此外，還進一步調查受試者白天嗜睡、疲勞、小睡時長，以及工作日與非工作日的睡眠時長等狀況。

嗜睡程度的檢測以 0 至 24 分評級，受試者接受的問題包括在坐著、說話及車行停止時，打瞌睡的程度有多高。原發性嗜睡症患者的平均分數為 14 分，非原發性嗜睡症患者的平均分數則為 9 分，超過 10 分即視為應該擔心的狀況。

根據檢測結果，研究人員得以判斷受試者中有 12 人可能罹患原發性嗜睡症，代表在樣本數較廣泛的族群中，此疾病的盛行率為 1.5%。

然而，這項研究僅評估了就業人士的狀況。因此，研究人員認為納入非就業人士之後，原發性嗜睡症的盛行率可能會更高。

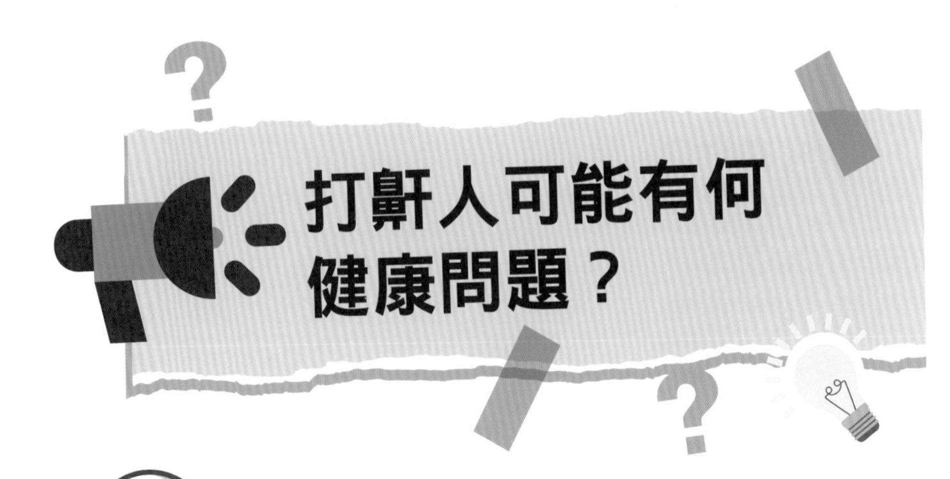

打鼾人可能有何健康問題？

幾乎所有人都會打鼾，只是方式不同罷了。有些人的臥室能聽到低聲而有規律的鼾聲，有些則迴盪著低沉巨響。對大部分人來說，除了會稍微打擾到伴侶的睡眠之外，打鼾是非常正常的；但對某些人而言，卻是健康亮起紅燈的信號：打鼾可能是睡眠呼吸中止症（sleep apnoea）的前兆。

睡眠呼吸中止症的患者會在睡眠時反覆出現停止再恢復正常呼吸的情形。背後的原因可能是因為大腦沒有送出呼吸的訊號，但這種情形極為少見，稱為中樞神經性睡眠呼吸中止症；另一種較為常見的類型是阻塞性睡眠呼吸中止症（OSA），通常是因為氣管出現機械性阻塞，使人在睡眠中吸氣時，空氣無法進入肺部所致。

OSA 十分普遍，13％的男性和 6％的女性都受其所苦。雖然 OSA 較常見於長者，但幼童也可能會表現出 OSA 的症狀。

那 OSA 到底是由什麼誘發的呢？連結口腔和氣管的上呼吸道其實是有彈性的，由許多小肌肉支撐著才能維持暢通。在我們入睡的過程中，這些小肌肉會放鬆，增加吸氣時氣管塌陷的風險。任何使氣管變窄的因素都可能使氣管阻塞的風險增高，例如扁桃腺肥大或下顎較小等，仰躺或睡覺時嘴巴張開也可能使氣管阻塞。

男性的 OSA 風險較女性高兩至三倍，可能是因為賀爾蒙對呼吸控制所造成的影響。但最可能導致 OSA 的還是肥胖，因為多餘的脂肪會堆積在氣管周圍。

每次氣管阻塞時，患者就會進入半睡半醒的狀態（患者本人可能有意識到，也可能沒有意識），直到呼吸恢復正常為止。這會使患者一晚的睡眠受到多次干擾，在極端案例中，一小時內可能就醒來超過 100 次。毫不意外地，OSA 患者會因為睡眠中斷、品質不佳，白天時經常受睡意侵襲，在夜間甚至會有窒息或喘不過氣的感覺。咽喉後壁軟組織的震動也可能造成發炎或刺激，使患者醒來後口腔乾燥或喉嚨痛。

OSA 還會產生其他較不明顯的影響。因為與氣管阻塞和睡眠中斷相關的賀爾蒙產生變化，OSA 患者夜間可能必須不斷起床排尿，並可能因為食慾升高而體重增加。某些病患可能偶爾會覺得沒有睡著，使其被誤診為失眠。

因為血氧濃度頻繁下降、神經系統的改變以及發炎頻率升

阻塞性睡眠呼吸中止症：氣管側視圖

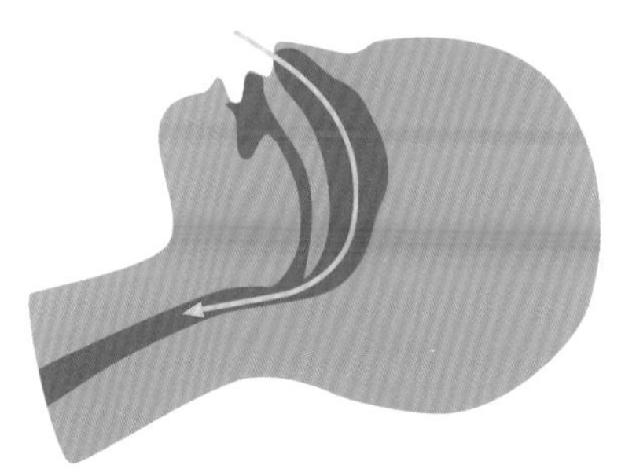

正常的氣管

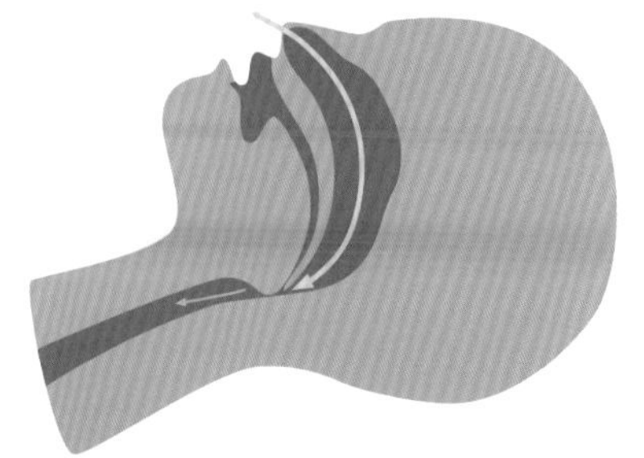

OSA 患者的氣管

高，OSA 對健康各方面都構成威脅，可能導致各種症狀，諸如高血壓、第二型糖尿病、心血管疾病和中風。OSA 也可能影響腦部健康的各個面向，其中包括認知功能異常、情緒及焦慮程度，甚至和失智症有關。

OSA 是否直接引起這些問題，目前仍未有定論，不過，雖然 OSA 會引發這些症狀的證據越來越多，卻少有研究能證實治療 OSA 能減低相關風險。

談到治療時，最大的障礙其實是認知到自己有 OSA。因為症狀可能慢慢累加的緣故，很多人在得了 OSA 多年後才發現。英國一直到最近都缺乏對相關症狀的了解，也少有相關臨床服務，因此，英國統計約有 80%的 OSA 患者沒有被診斷出來。

不過，目前還是有幾種治療方法可供選擇，比如減重就頗有幫助，甚至能夠讓病患完全痊癒。如果患者只有在仰睡時才會出現睡眠呼吸中止症的症狀，一種稱為「睡眠姿勢訓練儀」的儀器，可以讓使用者逐漸習慣側睡。另一種稱為「抑鼾器」（mandibular advancement device）的牙科維持器也有幫助，其目的是固定下顎，並將其往前推一點，以保持氣管暢通，舒緩病患的症狀。

若受到較嚴重的 OSA 症狀所苦，最佳的治療方法是使用自動型陽壓呼吸器（APAP）。患者必須戴上能罩住鼻子或嘴巴，或兩者皆罩住的面罩，面罩與一台能產生陽壓的小機器相連接，能避免氣管塌陷。

使用 APAP 時，病患可能會覺得自己像在強風中呼吸，因此並非所有患者都適合使用 APAP，不過這台儀器可以改變 OSA 患者的睡眠，改變他們的生活。過去一兩年內，某些病患透過手術植入類似心律調節器的醫療裝置，可以模擬睡眠時舌頭和咽喉的肌肉，保持氣管暢通。

我們必須謹記：不論年齡、性別或體重，任何人都可能得到 OSA。如果你睡覺時會打鼾、醒來時有窒息或倒抽一口氣的感覺，甚至發現睡眠時有停止呼吸的情形，請馬上到醫療院所檢查。

醫師可以提供簡單的居家測試監測你的血氧和呼吸模式，決定應該採取哪種治療方式。一旦接受治療，你再也不會整天都像被火車輾過一樣疲憊，醒來時，反而會覺得通體舒暢，也不必（在寂靜中）默默承受痛苦。

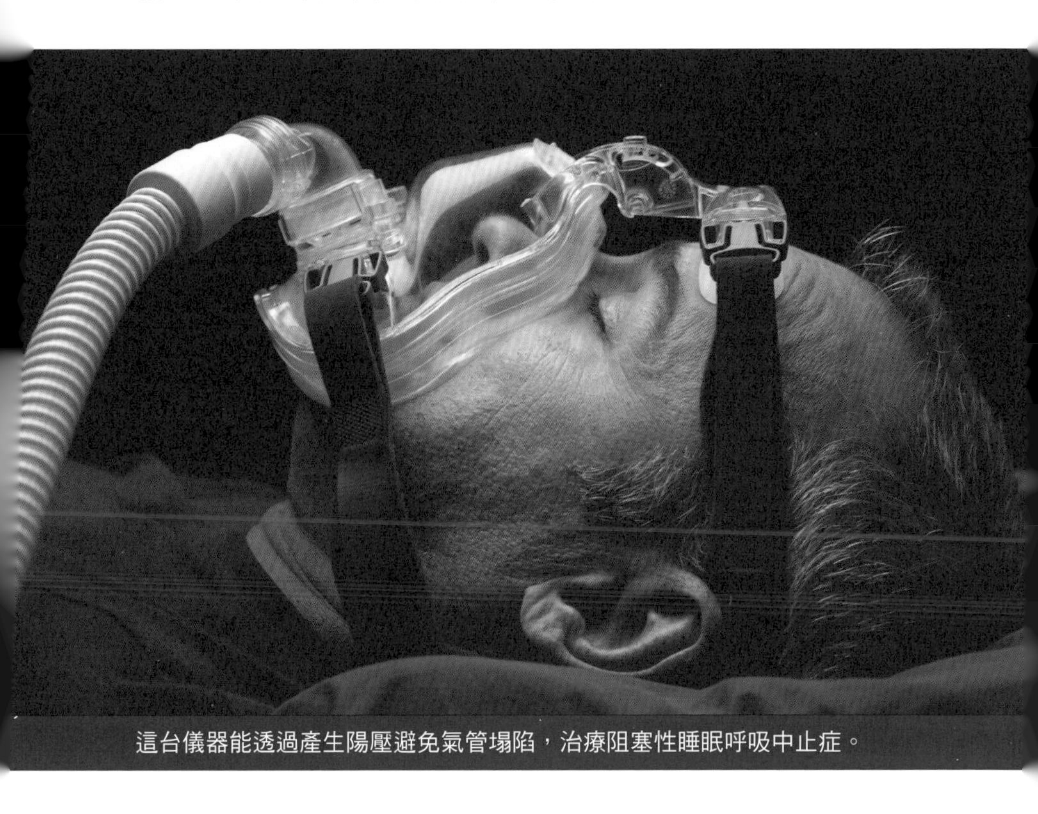

這台儀器能透過產生陽壓避免氣管塌陷，治療阻塞性睡眠呼吸中止症。

「低多巴胺早晨」有科學根據嗎？

常常瀏覽 TikTok 上「提升生產力」影片的人，或許也會看過「避免拖延症」的最新妙招：以低多巴胺習慣開啟一天。

低多巴胺早晨的重點在於：我們醒來後 90 分鐘內所做的活動，將決定大腦在接下來的一天中渴望什麼。

如果我們關掉鬧鐘後，第一件事是打開 Facebook 或 Instagram，那麼第一波分泌的多巴胺便是來自智慧型手機。

這些 TikTok 影片指出，若是如此，我們接下來上班分心時，便會難以抗拒誘惑，進而打開手機尋求多巴胺。

反之，所謂的低多巴胺早晨，便是要進行較平靜（或無聊）的活動，讓我們開始工作後，大腦不至於感到多巴胺缺乏。舉例來說，與其早上開手機讀新聞，不如改做簡易家事，或是可用散步、瑜伽或冥想代替高強度運動。

問題來了：低多巴胺早晨背後的科學並不如表面上那麼理所當然。多巴胺雖有「獎勵化學物質」之稱，但實際作用更為複雜。這種神經傳導物質參與人體許多活動，包括運動、注意力控制、母乳分泌，以及建立活動與愉悅感之間的連結。

然而，這些連結不僅限於正面經驗，負面經驗也可能導致多巴胺分泌，且咸認會強化對特定活動的厭惡感。因此，我們如果一大早讀到令人心痛的新聞報導，導致多巴胺激增，接下來可能會想減少查看手機，而非更頻繁使用。

低多巴胺早晨通常包括散步或瑜伽等低強度運動。對某些人來說，這些活動確實有助於提升多巴胺濃度，而前述建議避免的運動（例如跑步或舉重訓練）也未必總是會促使多巴胺分泌。對於有跑步習慣的人來說，研究發現讓他們在跑步機上運動 30 分鐘對大腦的多巴胺濃度並無影響。

雖說如此，就算早上不瀏覽社群媒體或不外出散步，也不一定會感覺比較好。走入大自然對我們有許多認知上的益處，且輕度運動對心臟、肌肉和心情都大有幫助。但是我們決定要不要做這些活動，關鍵不在於多巴胺是否會增加。

如果想要提升生產力、避免拖延症，或許該一項一項地檢視自身行為。如果我們很容易受到手機推播通知或辦公室噪音影響，不妨考慮設下一些屏障，例如關閉手機，或至少把手機放在看不見的地方。戴上耳塞或聆聽放鬆音樂、雨聲或咖啡店嘈雜聲等背景白噪音，也是值得考慮的方法。

要是擔心自己過度使用智慧型手機，那麼低多巴胺早晨有個可供參考的元素：訂定使用手機的時間。我們一旦感到無聊，往往會下意識地拿出手機來滑，但若刻意規範這些習慣，或許便可奪回一些生活上的掌控感，而且不必感到罪惡，仍可開心欣賞各種 Instagram 上的貓咪影片。

我們多少都認識幾個在時間管理上總有盲點，慣性遲到的人（或許也包括你自己）。遲到往往是朋友之間打趣鬥嘴的題材，但只要換個場景，遲到可能帶來極大壓力，甚至導致嚴重的後果，諸如工作會議遲到，甚或錯過班機、約診等。

一直遲到背後可能有很多原因。

遲到的人通常在人格測驗中的「自律性」（conscientiousness）和「神經質」（neuroticism）兩項中獲得較低的分數。說得好聽一些，就是你可能非常從容。這或許和從小到大的家庭教育有關，例如你可能繼承了父母在時間管理上的隨興。另外，你的出身背景可能也會影響你是否遲到，舉例來說，有證據顯示某些國家的人民（如巴西人）通常比美國人來得更加放鬆。

若我們要深入探討特定心理歷程的話，你可能是一些心理學家所謂的「時間樂觀主義者」（time optimist），這代表你經常低估一件事所要花費的時間，並可能導致拖延症。準時到達某地，代表你得能夠停下手中的事情，準備動身，若習慣拖延，可能就無法及時做好準備。

另一個可能讓你有遲到困擾的原因（至少在某些情況下）是因為過於熟悉特定的路線：舉例來說，就像是走到附近公車站，或是從宿舍橫跨校園走到階梯教室的路。一則由美國加州大學和英國倫敦大學學院心理學家進行的有趣研究發現，在十分熟悉的實體空間中，我們經常低估移動所需要的時間。如果你每次從 A 點到 B 點都走同一條熟悉的路線，而且常常遲到的話，這可能就是背後的原因。

最後一個可能導致你遲到的因素，可能是你特別討厭早到。當然，要規劃如何準時到達目的地絕非易事，因此準時通常代表著你得提早抵達，只能百無聊賴地讓一段時間過去。你可能沒有意識到，但你可能非常討厭等待的感覺。

如果以上任何原因引起了你的共鳴，我們就可以針對問題著手處理。其中一項你能做出的改變非常簡單，卻非常有效：下定決心不只要準時，更要早到。你得開始習慣仔細分析實際到達目的地要多久，並加上一大段緩衝時間，例如 15 分鐘；要注意前往目的地的時間越長，緩衝時間也要越長。如果你不喜歡無所事事地等待，可以想想該怎麼消磨這段多餘的時間，回訊息、讀本書、線上下棋或是投入語言學習 app，都是不錯的方法。

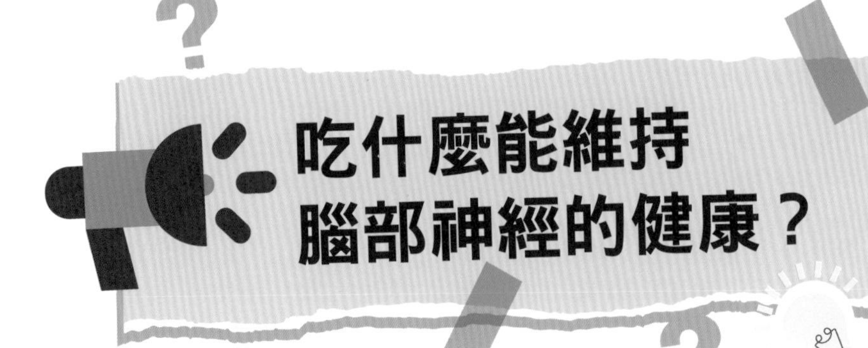

吃什麼能維持腦部神經的健康？

神經疾病是全球疾病和殘疾的首要病因。世界衛生組織（WHO）統計，全球有超過 30 億人深受其害。

歐洲神經科學學會聯合會甚至認為人類整體的神經健康已陷入緊急狀態，背後的原因也顯而易見：不論是微觀還是宏觀下，人類神經健康逐漸惡化的情形皆已構成巨大威脅。腦部及心理健康欠佳會導致終身薪資減少，而目前英國國內照顧失智症患者的社會照顧成本，已經超過照護癌症、中風及心臟病病患的總額。

種種證據代表著保護神經健康應該是公共衛生的第一要務。近期研究顯示，營養學可能是重要的方法之一。

一篇研究從英國人體基因資料庫（UK Biobank）蒐集共 181,990 筆匿名資料，調查這些人的飲食偏好，並根據飲食將其分為四組：無澱粉或少量澱粉、素食、高蛋白和低纖維，以及均衡飲食。接著，再將這些資料與其他因子比對，其中包括心理健康、認知功能、血液成分及代謝生物標記等，發現一個人的飲食會決定腦結構，並進一步影響心理健康和認知功能。

那麼，我們應該吃什麼，才能維持腦部健康呢？以下是三個有科學證據支持的小建議。

獲取正確的微量營養素

營養素是頭腦發育時不可或缺的物質，因此營養不足會導致發育問題。舉例來說，缺碘是全球可預防性腦損傷的首要肇因，且懷孕時缺碘可能引起孩子永久性的智能不足（約67％懷孕婦女都有缺碘的情形）。英國國民保健署（NHS）建議成人每日須攝取140微克的碘，而海帶、乳製品和魚類皆為優質的碘元素來源。

另外，鈷胺素（cobalamin，即維生素B12）也是維持正常神經功能的必要營養素，若缺乏可能造成一系列心理和認知功能受損，其中包括意識模糊、判斷力下降、焦慮症、憂鬱症、健忘和失智症。

NHS目前建議成人每天攝取1.5微克的維生素B12，建議可食用肉類、魚類、雞蛋和起司，而素食者可考慮服用錠劑形式的營養補充品。

多酚（常見於莓果類、茶、咖啡和豆類）以及omega-3脂肪酸（常見於脂肪含量高的魚類）可幫助腦部長出新的神經元，也可以促進成人腦部生成新的神經連結，保護老化的腦細胞。

增加纖維攝取

纖維攝取量過低會讓腸道菌叢更容易發炎；另外，由於缺乏纖維素的腸道微生物會尋找額外的食物來源，因此也可能使保護腸道的腸黏膜受損。若腸道細菌進入血管系統中，免疫系統將會將其視為病原菌，引起身體的發炎反應，並可能進一步引起神經發炎。神經發炎已知是憂鬱症、思覺失調症和阿茲海默症的主要病因之一。

腸道細菌一旦獲得所需的纖維素，便會將其分解，產生一系列不同的副產物，包括維生素和神經傳導物質。其中一類的副產物是短鏈脂肪酸，不僅能提供腸壁細胞能量，強化腸道屏障，甚至還能以同樣的原理增強血腦屏障（blood-brain barrier）。

燕麥中的纖維素和莓果中的多酚都能促進腦部功能。

血腦屏障是一種具有高度選擇性的結構，能避免有毒的蛋白質和其他病原體進入腦部。目前已知血腦屏障受損是阿茲海默症等神經退化性疾病的前兆，因此，低纖維的飲食可能會導致神經疾病。

根據 NHS，成人每日應攝取 30 克的纖維素，但目前英國沒有任何年齡層的飲食達到每日建議的纖維攝取量。燕麥、豆類（如豆子和扁豆）、水果和蔬菜都是良好的纖維素來源。

不盲目跟從流行的飲食法

另一個令人頗為擔憂的現象是各種網路瘋傳的極端飲食法，像是所謂的全肉飲食（carnivore diet）就推廣只吃動物產品（肉、蛋和乳製品），並在飲食中排除富含纖維素的植物產品。

這類飲食通常標榜能快速減脂、增加肌肉，因此頗受年輕男性歡迎。雖然這類飲食法可以鼓勵年輕人少吃過度加工的食品，卻有可能使免疫系統受損，使原本就備受心理健康威脅的年輕腦部進一步暴露在風險之下。

英國民眾顯然沒有攝取足夠能維持頭腦健康和發展的食物。而在提倡「每日五蔬果」（five-a-day）的 20 年後，仍有 67%的英國民眾沒有每天吃夠五份蔬菜或水果。反之，飲食裡有 60%是超加工食品，且其中超加工食品所占的比例和營養素含量呈負相關。

光是這些統計資料，就足以讓我們停下來好好審視自己的飲食習慣。大腦是極度活躍、需要大量能量和各種營養素的器官，但大部分人卻沒有提供它足夠的營養。

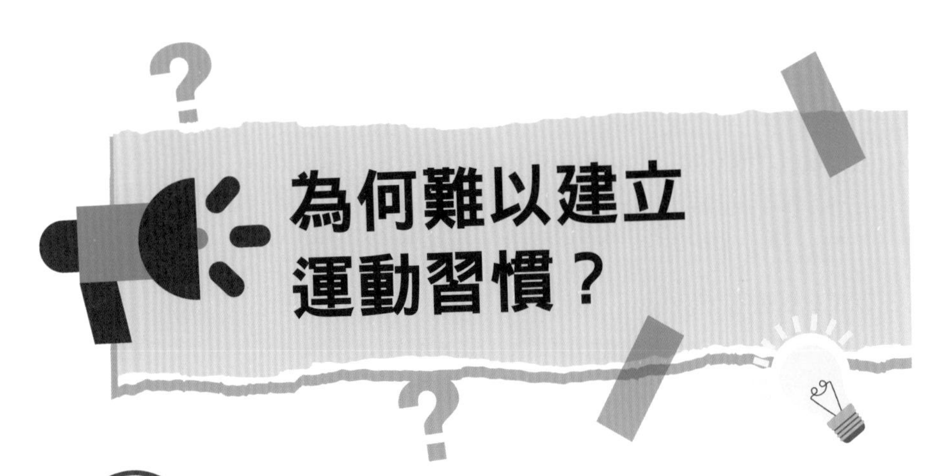

為何難以建立運動習慣？

我們都知道運動可以讓人感覺良好，為什麼很多人就是踏不出第一步？

人類不是最快或最強壯的種族，沒有翅膀、尖牙、利爪、毒液或堅硬的外殼。只看身體能力的話，我們是自然競爭下的失敗者。

不過，人類倒是有一種身體能力贏過其他物種，那就是我們具有長距離跑步的能耐。當其他物種因為氣力耗盡而癱倒在地時，人類因為使用雙足行走，再加上獨特的汗腺構造，還可以持續奔跑好一段距離。

簡單來說，人類在演化之下得以長時間消耗體力，也就是運動。雖然我們經演化的身體可以運動，也有很多人享受運動的過程，但無數個過完年之後就不復存在的新年新希望，證明喜歡鍛鍊身體的人仍是少數。

為什麼？複雜的人類大腦正是罪魁禍首。演化出某種能力並不代表我們會想要使用這種能力，就像有堅硬外殼的動物不會想主動招來攻擊一樣。運動雖然沒那麼糟，但通常還是不太愉快，也不怎麼舒服。運動時，我們會將身體逼至體能極限，進而引起巨大的不適。極限之所以被稱為極限，確實有其道理在。

另一個問題是，人類大腦對白費力氣非常敏感。研究顯示，大腦的腦島皮質（insula cortex）中有特定的迴路，專門計算特定行為所需花費的能量、預期的回報，並判斷這麼做是否值得。

演化後的大腦傾向阻止我們將重要的資源花費在毫無意義的行為上，例如為了一把野莓走路 30 公里。但為了塑身而運動，除了需要持續花費大量氣力之外，成果不可預知，又非立即見效（開始前無法保證一定會成功），因此，大腦發出「這樣做真的值得嗎？」的訊號時，我們也很難置之不理。

大腦這種不白花力氣的特性也代表我們通常希望用最少的努力，換取最高的回報。因此，我們喜歡走最平順的路，維持一貫的例行公事，棲居在自己的舒適圈裡。維持運動習慣，代表我們必須為了未知的結果打破上述這一切，而且大腦比起行動可能帶來的回報，通常更加注意潛在風險（換句話說，我們喜歡打安全牌），因此我們也更不願意進行消耗大量體力的活動。

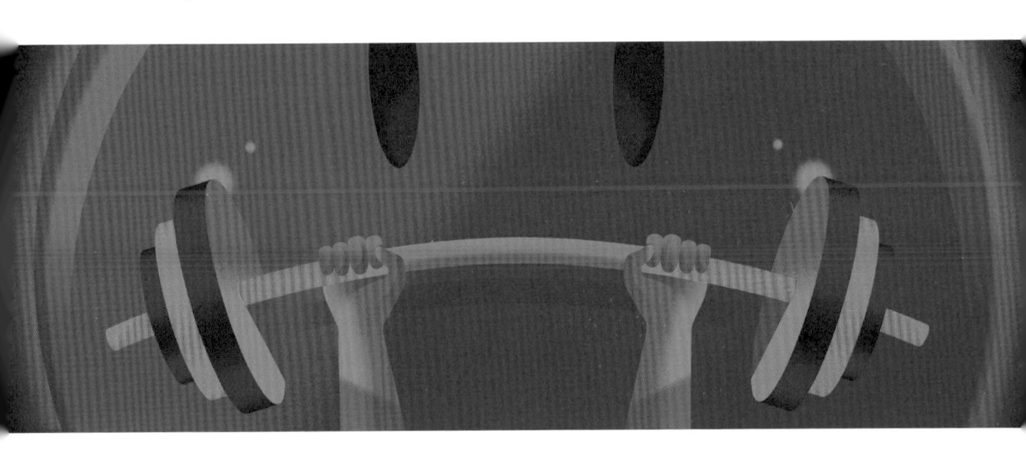

總而言之，我們的身體雖然可以適應規律運動，但大腦會想試著用各種方法迴避。更不用說，我們所處的世界不但讓我們能避免身體活動，甚至鼓勵我們避免運動。

幸好，人類的大腦非常複雜，因此還留了幾手。其中最明顯的就是大腦並不受到比較原始、直接的本能所驅動。其他物種的思考方式僅限於「食物……吃！」、「危險……跑！」、「痛……避開！」等，但我們演化過的大腦想法早已不那麼單純。

人類大腦可以形成並遵從多個長期目標和抱負。單單活過一天很少讓我們感到滿足，因為我們能想像自己理想的未來生活、規劃該如何達成目標，並付出心力實踐，或至少朝著目標前進。

這種能力也直接改變大腦處理動機和意志力的方式，其中一項就是人類具有延遲滿足（delayed gratification）的能力：

我們明白拒絕立即的回報，稍晚就可以收穫更豐碩成果的道理，也會據此行動。比方說，我們知道一邊看串流影集，一邊狼吞虎嚥家庭號洋芋片能帶來立即的滿足，不過，雖然去運動比較辛苦，但未來的體能會更好、身體更強壯、更健康，因此我們會根據長期結果來做決定。

另外，「公平世界謬誤」（just world fallacy）等概念也讓我們預設世界是公平的，因此研究顯示，我們深信現在的不適與「痛苦」終將有回報。簡而言之，「沒有痛苦就沒有收穫」已然成為普世價值。

我們的大腦會用各種形式來包裝這些動機因子。自我差距理論（self-discrepancy theory）認為人類有三種「自我」的概念：「實際自我」（actual self）、「理想自我」（ideal self）和「應該自我」（ought self）。

「實際自我」是你當下的狀態；「理想自我」是你理想中的模樣；而「應該自我」則是為了成為理想自我去做應該做的事的自己，是從起點走到終點的過程。舉例來說，如果你的「理想自我」是一名專業足球員，但「實際自我」並不是足球員的話，你的「應該自我」就是花大量時間訓練、運動，增進足球技巧的那個自己。不過，這也只是動機相關機制運作的其中一種框架而已。時間壓力、身體意象和靈活度等其他因素當然也會造成影響。

總而言之，我們的大腦有讓我們不想運動的機制，也有鼓勵運動的機制。最理想的狀況下，你會逐漸將重心轉移至努力運動。

既然負重是最受歡迎的健身方式之一，那轉移「重」心或許也是開始運動的一種方式吧？

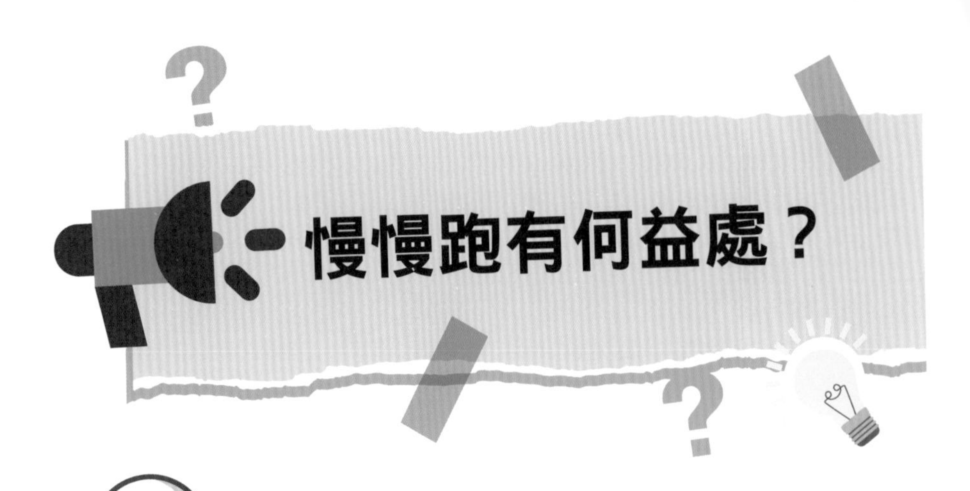

慢慢跑有何益處？

在跑者的字典裡，通常沒有「減速」這個詞。從奧運冠軍到五公里愛好者，許多慢跑的人都將跑步視為對速度的追求。這運動為的是突破自我、與人競爭以及將自己的表現上傳到 Strava 平台上。放慢速度？那也太丟人了！

最近風向卻有所改變。在這一兩年來，超慢跑已經流行起來，不僅有 Instagram 上健康專家的背書，也有越來越多教練、業餘跑者以及運動科學家表示支持。

背後的思維在於，要享受運動益處，放慢速度也許會是快速見效的方式。

「比方說，超慢跑有助於降低靜止血壓，還能讓心臟變得更強壯。」英格蘭東南部安格利亞魯斯金大學的運動生理學家丹．戈登教授（Dan Gordon）這麼解釋，「身體仍會承受壓力，但我們開始了解到，身體不必承受過多壓力也能讓心血管適應。」

超慢跑的定義，通常是讓人能輕鬆對話的速度。要是將努力的程度分為 1 至 10 分，以 10 代表全力衝刺的話，超慢跑的分級大約為 4 到 5。以運動科學的話來說，超慢跑屬於「Zone 2」，是能延年益壽的最佳生理點。

2015 年，丹麥哥本哈根的研究員有了個驚人發現。他們研究輕、中度與劇烈慢跑者以及不跑步者的長期死亡率，並發現輕、中度慢跑者的死亡率其實亞於不跑步的人或劇烈跑者。劇烈跑者與不跑步者的死亡率在統計上並無差異。

那為什麼這種慢吞吞的運動會如此有益健康呢？慢跑不僅能增強心臟的力量和泵血能力，還能從根本的分子層面上促進健康。超慢跑也能改善胰島素阻抗，藉此預防代謝疾病，也能增加細胞中粒線體（基本上等同於電池）的密度，並促進身體消耗脂肪來獲取能量。

超慢跑者的恢復速度也更快，更不容易因訓練過度而疲勞或受傷。他們也更有可能感覺身心舒暢。

「這對情緒健康大有助益。」戈登表示，「即使增加運動強度也未必會增加對心情、憂鬱和焦慮等方面的好處。」

「還有在社交層面上：超慢跑要強調的，就是保持可以聊天的速度！」戈登認為，推廣超慢跑可能會鼓勵更多人開始運動並堅持下去，部分是因為我們可以和朋友一起運動，部分是因為沒有執行的壓力。這也許就是 Parkrun（公園路跑）和 Couch To 5K（從沙發到 5K）等慢跑計畫之所以受歡迎的原因。

「要想讓大家身體健康，沒有比團體運動更好的辦法了。」戈登這麼說，「你會被鼓舞。人在獨自訓練時很難達到目標。」

對於老盯著碼錶的跑者來說，慢跑大概不是突破個人紀錄的方法。戈登等研究人員同樣有另一套想法，「大家得改變心態才行。別掉入思維陷阱，以為高強度運動才是最好的。其實你不必大汗淋漓，也不必感覺心臟快要跳出胸腔，就算跑得慢一點也會有收穫。」

戈登點出，有研究顯示，就連頂尖跑者也有高達八成的訓練時間是落在較慢速的 Zone 2 裡。

這麼做能培養教練和研究員口中的「有氧基礎」，等同於心血管健康的基本引擎。若能改善有氧基礎，那麼心臟每跳動一次，便能往腿部和肺部輸送更多氧氣，確保你跑得更遠、更快，也感覺不那麼辛苦。

也就是說，放慢速度不僅能讓你活得更久，還會讓你跑得更好。

醫師說減重好棒棒的時候人們能減得更多？

當醫師採取樂觀態度時，人們比較可能加入減重計畫而且效果還更好？一項研究顯示，醫師認為減重計畫是個好選擇，而且很少提到肥胖問題時，相比於醫師對減重計畫態度中立，或是提到心臟病、中風和失智風險提高等肥胖的負面影響時，前者減輕體重的幅度將大於後者。

醫師採取樂觀說法說明減重計畫時，患者參與率較高。

這項研究發表於《內科年鑑》（*Annals of Internal Medicine*）。在文章裡，英國牛津大學研究人員分析了醫師向患者介紹為期 12 週之減重計畫時的措辭，並且追蹤患者的參加率和減重結果。

醫師如果認為減重計畫是好機會，採取「好消息」的說法，患者在一年後平均可減輕 4.8 公斤。但若採取「壞消息」的說法時，患者則平均減輕 2.7 公斤。此外，當醫師採取中立態度，對肥胖治療不置可否時，患者平均僅減輕 1.2 公斤。

研究人員斷定，減重幅度較大的原因是醫師以樂觀態度採取「好消息」的說法，所以減重計畫參與率較高。醫師抱持樂觀態度時，患者有 87% 參與了減重計畫，而醫師抱持中庸或悲觀態度時，患者參與的比例不到一半。

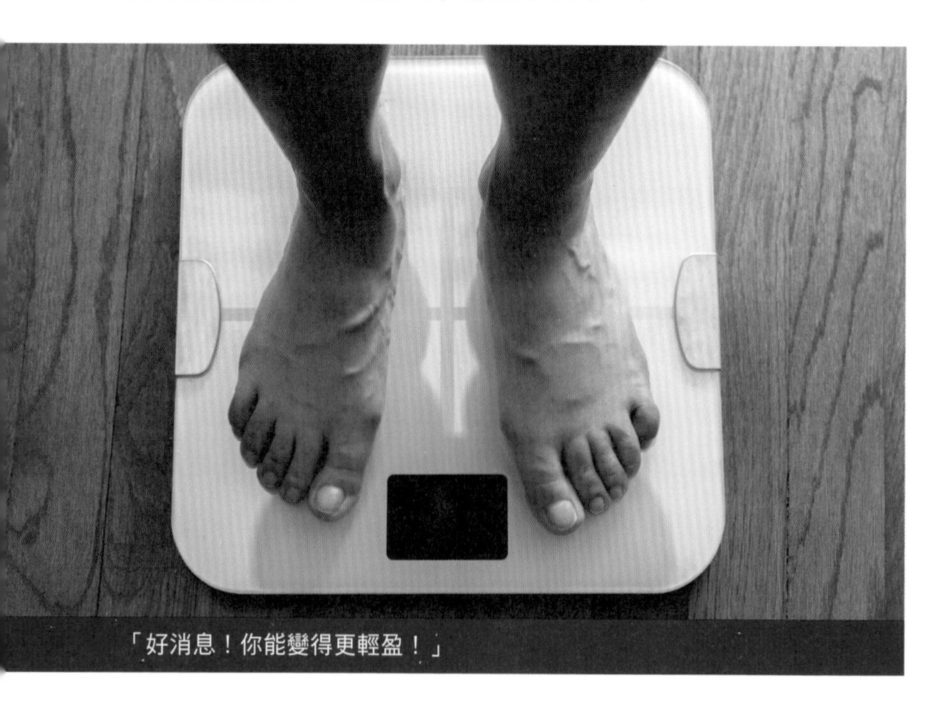

「好消息！你能變得更輕盈！」

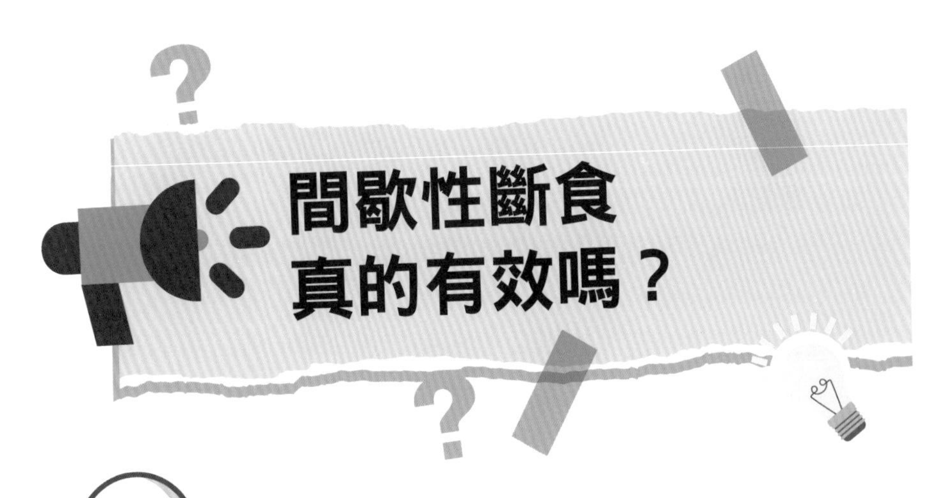

間歇性斷食真的有效嗎？

綜觀人類大半的演化歷史，間歇性斷食往往並非自願。由於糧食稀缺和食物儲存不易，從前的人常常好幾個小時甚或是好幾天吃不到東西。不過時間快轉至現代，正在翻閱本文的你幾乎不愁沒零食可以吃。

過去與現代的飲食習慣如此不同，不禁讓現代人思索：一段時間不吃東西是否對身體有益？如果斷食真的有益健康，我們是否該考慮重新採用這個方法？問題在於，現代人往往比狩獵採集的老祖先活得更久，所以間歇性斷食也或許存在他們經歷不到的壞處。

特此說明，間歇性斷食通常是指限制在特定時間或特定日子進食的飲食法，例如，24 小時中僅有八小時期間可以進食（通稱為 16:8 飲食法），或每七天中限制其中兩天的熱量攝取（也稱為 5:2 飲食法）。

間歇性斷食的好處

首先，斷食的確有助於減重，尤其是消去脂肪。「如果我們一天的進食次數減少，通常也會攝取較少食物。」《斷食全書》（*The Complete Guide to Fasting*）的作者傑森・馮博士（Jason Fung）表示，「斷食讓我們的進食日更有系統，而且執行簡單、可靈活採用，還很直觀易懂。」

我們嘗試傳統的熱量限制飲食法時，常常會覺得飢餓和活動力下降，因此耗用的能量減少，導致我們的體重如常。斷食則似乎解決了箇中幾項問題，例如近來有一個小型控制研究讓志願受試者每天僅有六小時可以進食，結果發現他們耗用的能量跟日常差不多，而且飢餓肽（ghrelin）濃度下降，進食慾望變低。

不少人認為限制進食時間，而非限制進食量，是可以長久執行的健康減重方法。

另外，也有證據顯示斷食有助於身體燃燒脂肪。「我們持續進食時，會往血液不斷輸入胰島素，提示身體儲存脂肪。」腸道健康專家戴羅・喬佛瑞博士（Daryl Gioffre）說，「斷食會幫助身體分泌酮，這是肝在分解脂肪時會製造的化學物質，身體也能利用它來作為能量。」

間歇性斷食也會減少人體處於消化狀態（此時血糖和血脂濃度會上升）的時間，因此或可降低罹患第二型糖尿病的風險，並改善血管健康。當然，這些健康益處可能有部分得益於體重下降和熱量減少。

「間歇性斷食對心血管代謝健康有益，這點已有諸多實質證據佐證。」健康網站 Examine.com 的研究人員布雷迪・霍穆（Brady Holmer）表示，他目前正在進行心血管生理學的博士研究。「長期效益還不好說，因為多數相關研究頂多只有六到 12 個月長，但我所讀過的研究指出，間歇性斷食可改善不少慢性心血管病症的風險因子，例如體重、體脂肪率、血脂和血壓等。話說回來，如果執行間歇性斷食長達一年有這些好處，我很難相信拉長這個時間會造成什麼負面效果。」

最後，有些研究顯示斷食可防止一些與年齡相關的問題，例如強化自體吞噬（這是人體清理受損或異常細胞物質的機制）和一些其他身體機能。有鑑於此，有些專家推測禁食或能改善年長者的腦部健康或是降低癌症風險。當然，我們還需要更多研究才能做出定論。

間歇性斷食的壞處

那麼，間歇性斷食有任何壞處嗎？近來有一份提交給美國心臟協會的研究引起大眾關注，該研究聲稱每天進食時間少於八小時，可能會導致心血管疾病的死亡風險增加 91%。研究人員認為，其原因之一或許是肌肉量減少。

值得一提的是，這份研究僅為科學摘要，而非發表於科學期刊的同儕審查論文。首先，這是一份觀察性研究，讓參與者回憶兩段 24 小時期間的飲食，意即這些人未必是刻意禁食，只是恰好記得自己有兩天僅在八小時期間內進食。

這份研究的樣本數也有問題。「雖然樣本總數超過兩萬人，但研究對象僅占總數的 2%左右，且僅發生 30 起左右的心血管事件。」營養學家德魯・普萊斯（Drew Price）說明，「這個樣本數很可能無法代表大眾，這是一大問題。事實上，進食時間少於八小時的樣本中似乎有較多的抽菸者，而這些癮君子比一般人更容易死於心血管疾病。」

那麼，研究人員又怎麼看待斷食致使肌肉量減少的憂慮呢？要研究斷食對人體組成的長期影響並非易事，但短期研究反倒是與斷食站在同一邊。「如果是標準的熱量限制飲食，人體減去的重量有四分之三屬脂肪量，其他四分之一則是無脂肪量（即肌肉）。有些資料則指出，間歇性斷食可能取得更佳的減脂比例。」普萊斯這麼說。

斷食法最大的問題，或許跟推廣其他飲食法遇到的阻礙一樣：有些人不認為這種飲食法有幫助。部分評論指出，有些人在執行間歇性斷食時會受低蛋白質攝取量所苦。如果是曾有飲食失調病史或時常過量進食的人要執行禁食，務必要諮詢專家意見。任何有健康問題且需要正常進食的人皆應如此。

我們應該考慮嘗試間歇性斷食嗎？「我是營養學者和前體能教練，在我看來，這份研究告訴我們在執行間歇性斷食時，應該要效法標準的熱量限制飲食法。」普萊斯解釋，

「確保自己攝取足夠的蛋白質，以免肌肉量流失太多。另外，不妨加入一點阻力訓練，每週只要有一至兩次為時 20 到 30 分鐘的訓練便會有極大收穫。」

如果擔心斷食缺乏長期的效益證據，不妨考慮把斷食視為一般飲食法，可以偶爾實行，但不必時刻遵循。不僅如此，跟其他任何飲食法一樣，我們還是要留意吃下肚的東西，尤其是斷食後的第一餐更不能輕忽。

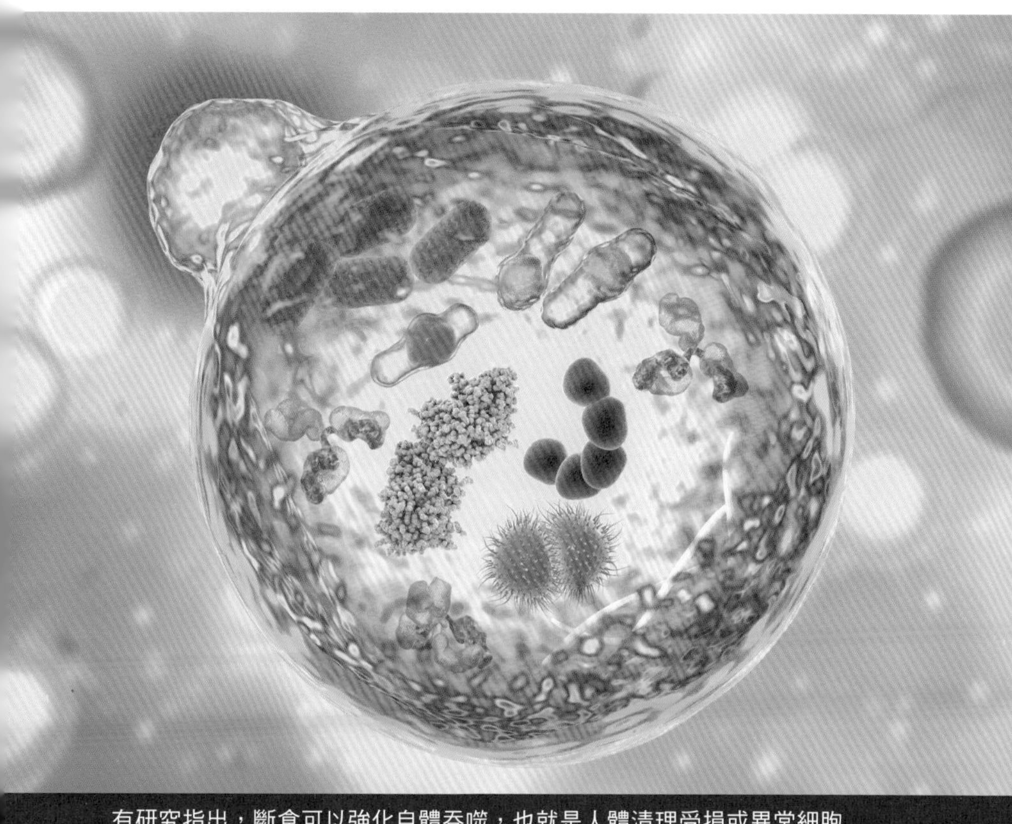

有研究指出，斷食可以強化自體吞噬，也就是人體清理受損或異常細胞物質的機制。

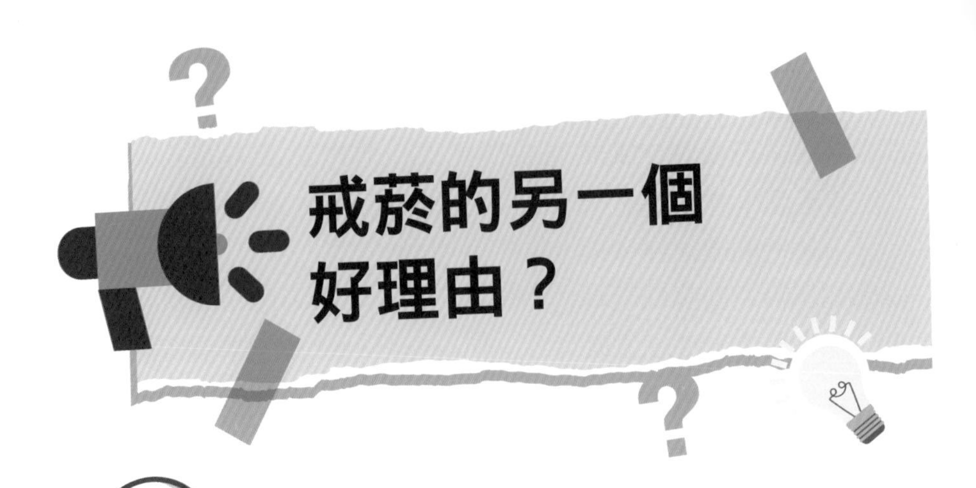

大眾普遍認為吸菸會抑制食慾，人們對吸菸者的刻板印象之一也包括身型修長、在咖啡館外叼著菸的巴黎風人士。因此，雖然有許多吸菸者確實比較苗條，他們還是擔心戒菸後會變胖。

而最新研究則顯示，即使是苗條的吸菸者，肚子裡也可能藏著一種不健康的脂肪。這種脂肪稱為「內臟脂肪」，已知這些不健康的腹部深層脂肪會提高心臟病發作、糖尿病和失智症的風險。內臟脂肪很難察覺，你可能小腹平坦，卻有不少內臟脂肪。

為了確認一輩子吸菸與內臟脂肪之間的關係，丹麥哥本哈根大學的研究團隊使用孟德爾隨機化統計分析工具，依據基因密碼將研究個體分組，探討暴露量與結果（此處為吸菸和內臟脂肪）之間的因果關係。

分析的數據來自探討吸菸暴露量與體脂分布的基因研究，全都是大型的歐洲祖源研究：其中一項吸菸研究納入了 120 萬名剛開始吸菸的人，以及逾 45 萬名終生吸菸者，另外一項體脂肪分布的研究則有逾 60 萬人參與。

研究團隊先是找出與各種吸菸習慣和體脂分布情形（例如

腰臀比）有關的基因，接著利用這些基因資訊，探討帶有這些基因的人在脂肪分布上是否與其他人不同。

研究團隊也依據其他會影響體脂肪的因子（例如飲酒量和社經背景）來校正分析結果，確保吸菸和內臟脂肪之間的關係儘可能明確。結果顯示無論上述其他因子的狀態為何，吸菸對內臟脂肪的影響都相同。

此研究結果發表在期刊《成癮》（*Addiction*）上，第一作者赫爾曼．D．卡拉斯奎拉博士（Germán D Carrasquilla）說，「從公共衛生的觀點而言，這項研究結果強調了阻止大眾吸菸及降低吸菸人口的重要性。這些行動也有助於降低人們的內臟脂肪以及與其相關的所有慢性疾病的發生率。降低大眾的其中一項重大健康風險，將可間接降低其他的重大健康風險。」

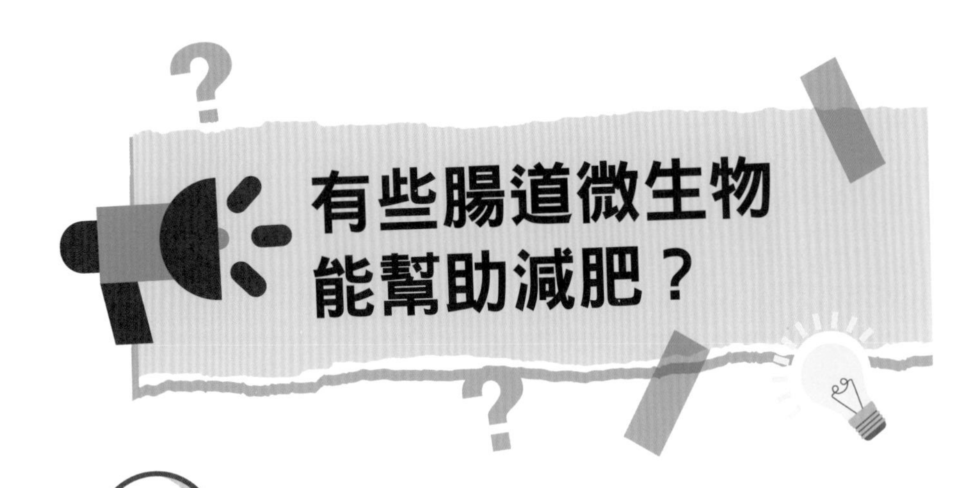

有些腸道微生物能幫助減肥？

科學家表示，針對人體腸道微生物群（生活在我們消化道中的微生物，包括各種細菌、古細菌、真菌和病毒）的最新科學發現，或將為減重介入方案帶來全新曙光。

這份研究發表於 2024 年 5 月的歐洲肥胖症大會（European Congress on Obesity）上，其中發現特定的微生物會增加或降低肥胖症發生的機率。在此研究中，科學家找來 361 名來自西班牙的成年志願受試者，並辨別出六種重要的腸道微生物，如果它們失衡，將造成肥胖症或導致症狀惡化。

研究團隊根據受試者的肥胖指數予以分類，其中 65 人為體重正常、110 人為過重，另外有 186 人屬肥胖症。接下來，研究團隊進行基因微生物群落分析，從而找出受試者糞便樣本中的細菌類型、組成、多元程度和數量。

團隊發現，肥胖指數較高的受試者樣本中的克里斯滕氏菌（*Christensenella minuta*）濃度較低。根據其他研究指出，這種細菌與體態瘦削和健康有所關聯。

不僅如此，團隊還發現腸道微生物對男女影響不同。舉例來說，男性體內的赫爾科基因副擬桿菌（*Parabacteroides helcogenes*）和卡納登西斯曲狀桿菌（*Campylobacter*

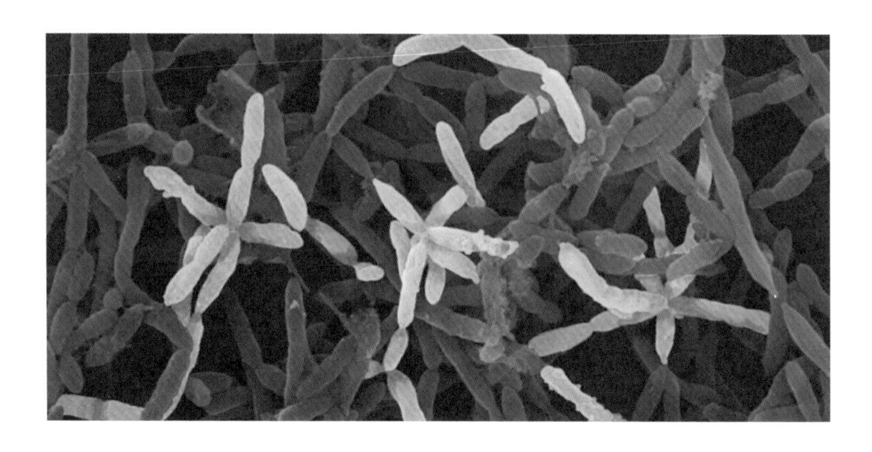

canadensis）如果較多，會與較高的身體質量指數（BMI）、脂肪量和腰圍有關。反之，米肯斯普雷沃氏菌（*Prevotella micans*）、短普雷沃氏菌（*Prevotella brevis*）和沙加洛黎提卡普雷沃氏菌（*Prevotella sacharolitica*）則是女性有無肥胖風險的強大預測因子，但它們對男性則無此預測作用。

這些細菌名稱可能令人一頭霧水，但其中的意義其實很簡單。「腸道微生物群的組成似乎可以預防肥胖症，尤其是當克里斯滕氏菌的濃度較高時。」西班牙納瓦拉大學首席研究員寶拉·阿拉納茲博士（Paula Aranaz）說，「然而，腸道微生物在影響肥胖風險上似乎有性別差異。」

換言之，如果我們特別去刺激某些腸道微生物增長，未來說不定能打造足以抗肥胖的微生物群。阿拉納茲進一步表示，根據團隊發現男女性甚至會需要截然不同的介入方案。

不過，在我們熱烈追求克里斯滕氏菌或設法擺脫米肯斯普雷沃氏菌之前，千萬別忘了：這項研究的樣本僅來自西班牙單一地區。上至氣候、地理環境，下至飲食習慣，都可能對研究結果造成影響。

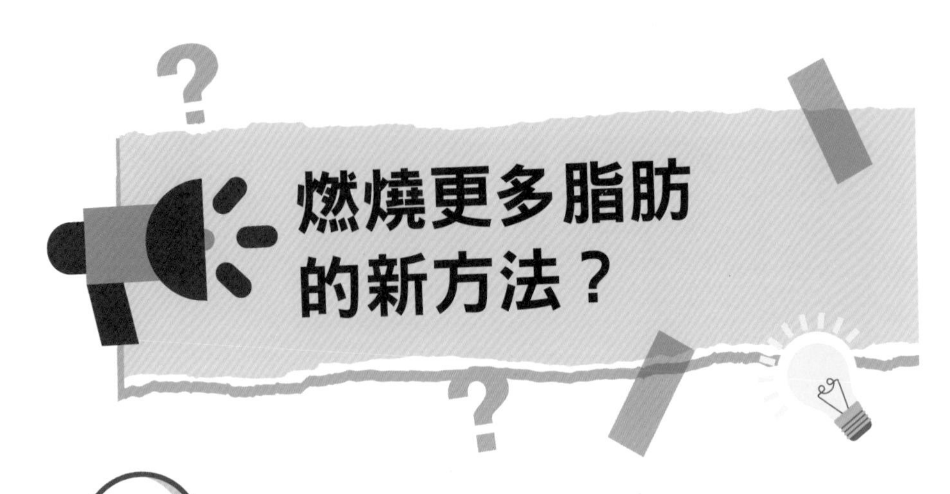

燃燒更多脂肪的新方法？

誰不想要輕鬆減重？做出重大改變來改善飲食和運動可能不簡單，但更棘手的是要知道哪種風行的減肥法最適合自己。

當然，沒有東西可以替代健康飲食與規律運動，但科學家或許已經找到了一種燃燒熱量的金手指。其中原理就藏在你體內原有的燃脂機制，名為「米色脂肪」。

許多哺乳類（包含人類）都有三種脂肪細胞：白色、棕色及米色。美國加州大學舊金山分校的研究團隊發現了一種讓白色脂肪自行轉變為米色脂肪的方法。

你可能會覺得不都是脂肪嗎？會這麼想也是合理，但兩者實際上有著顯著差異。白色脂肪細胞會儲存熱量以供身體所需，棕色細胞會燃燒能量來釋放熱能及調節體溫，米色細胞則結合了以上兩種任務。只要將更多白色脂肪細胞轉變為米色（米色細胞和棕色不同，它們會混在白色脂肪裡），不須外力介入，便能有效自然燃燒更多的脂肪細胞。

雖然這項發現是出自於小鼠實驗，但研究人員樂觀認為，可能有望藉此開發出新型減肥藥物，且這種藥物不會像現今部分越發熱門的療法一樣有些副作用。這項發現甚至有望解釋為什麼相關療法的臨床試驗至今尚未成功。

人類在特定情況下能自然將白色脂肪細胞轉變為米色，像是透過節食或處於寒冷環境，但科學家向來認為誘導此過程的關鍵在於幹細胞。而這項發表於《臨床研究期刊》（*Journal of Clinical Investigation*）的新研究顯示，還有個完全不依靠幹細胞的方法。只要能限制身體產出名為 KLF-15 的蛋白，普通的白色脂肪便能轉化為米色脂肪。

「很多人認為這不可行。」兒科內分泌教授兼研究的資深作者布萊恩．費德曼博士（Brian Feldman）說道，「但我們證明了這個方法不只能將白色脂肪細胞轉化為米色，門檻也不如我們原本想像的高。」

KLF-15 可以影響到新陳代謝及脂肪細胞的功能。費德曼與團隊在研究小鼠時，發現該蛋白在白色脂肪細胞中的含量遠

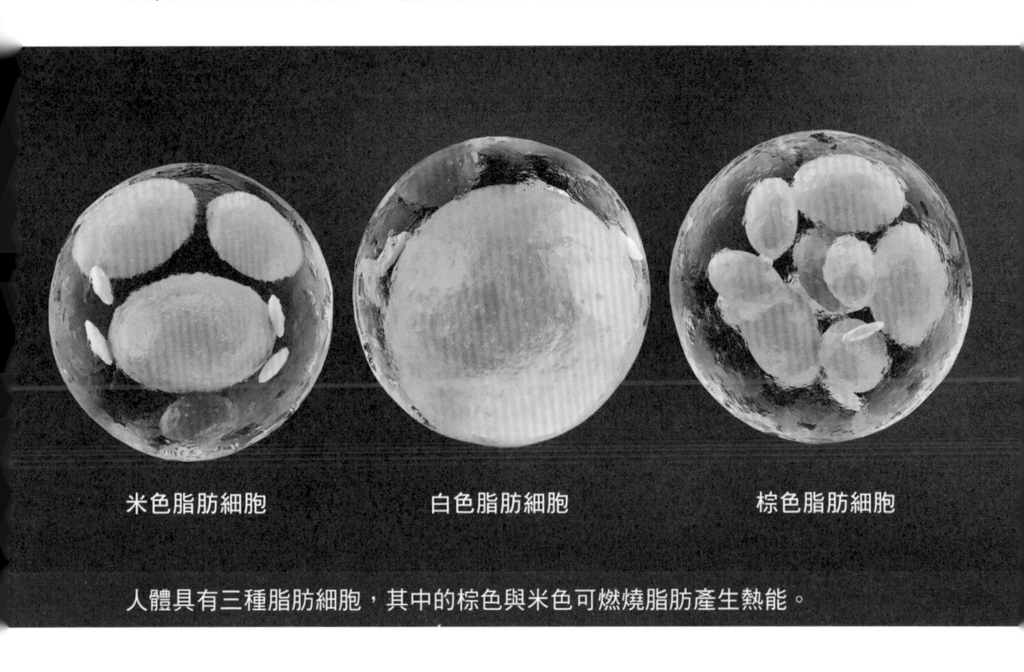

人體具有三種脂肪細胞，其中的棕色與米色可燃燒脂肪產生熱能。

低於另外兩種細胞。

研究團隊培育了白色脂肪細胞中缺乏 KLF-15 蛋白的小鼠，結果發現牠們可將白色脂肪細胞轉為米色。而牠們不僅能做出這種轉化，在沒有該蛋白的情況下，米色脂肪實際上還成為了身體的「預設值」。

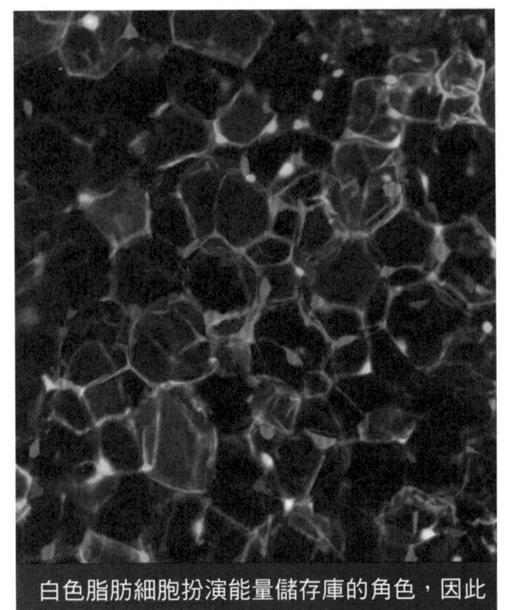

白色脂肪細胞扮演能量儲存庫的角色，因此減重時很難擺脫。

科學家使用培養的人體細胞發現，其中原因在於 KLF-15 會控制一種名為 Adrb1 的受體含量，有助於維持能量平衡。先前有研究使用藥物標靶小鼠體內類似的 Adrb3 受體，並導致測試對象體重減輕。然而人體試驗的結果卻令人失望。

根據團隊所說，標靶 Adrb1 受體的藥物更有可能奏效。相較於目前的減肥療法，此藥的優勢在於副作用更少，且療效更持久。

「白色脂肪細胞在多數人的體內並不罕見，我們也會很樂意與其中一些道別。」費德曼表示，「我們當然尚未抵達終點線，但已經夠接近了，你也能清楚看到，這些發現會對肥胖療法有何種重大影響。」

真的能透過皮膚吸收塑膠和化學物質嗎？

科學家已證實塑膠微粒（microplastic）幾乎可能出現在人體各個部位，包括肺、睪丸、胎盤，甚至母乳。我們可以吃進或吸入塑膠微粒，還有機會引起過敏或發炎，並提升某些疾病的風險。但有可能透過皮膚吸收塑膠嗎？

皮膚天生的功能就是要在人體和外界之間形成一道物理屏障，且大部分時間都非常有效。雖然研究發現皮下的確有塑膠微粒存在，科學家一般仍認為塑膠微粒無法通過皮膚最外層的角質層，然而也還需要更多研究才能百分之百肯定塑膠微粒不會穿透皮膚。

塑膠微粒的確會卡在毛囊和皺紋中，但應該無法通過血流散播至身體其他部位。不過有證據顯示，皮膚可以吸收某些產品中與塑膠微粒同時存在的化學添加物。研究發現某些添加在家具、泡棉和電子設備中的阻燃劑（flame retardant）可以穿透皮膚的屏障而進入血液中，劑量則是不到皮膚暴露面積的 0.1%。

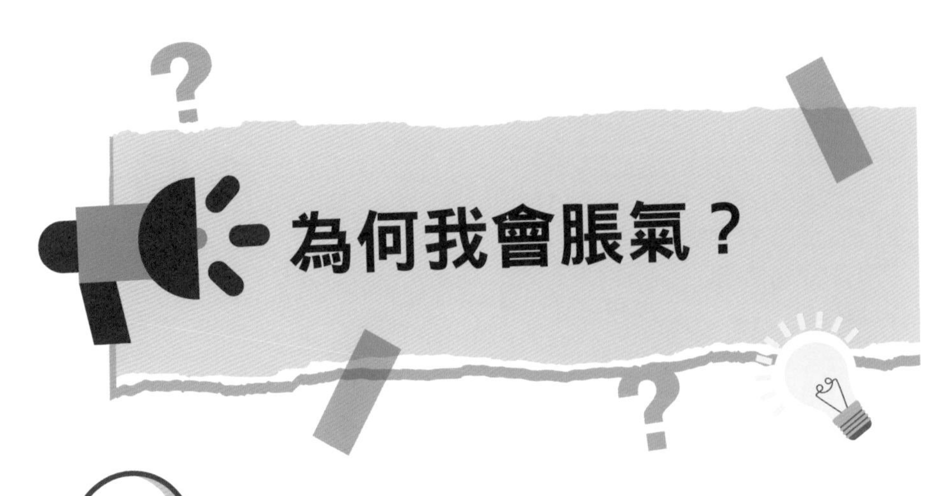

腹部脹氣（腹脹）很常見，它是腹部飽脹、緊繃的不適感。胃可能會感覺比平常更撐、更鼓脹，或許會發出怪聲音，同時也可能讓人感覺需要放屁。腹脹通常對健康無害，但往往會造成困擾。

腹脹有各種成因，包含飲食選擇到醫藥狀況等。一大常見的禍因是消化道內有過多氣體。飲食時除了吃下食物飲料，其實還會吞下空氣。此外，濃密的氣泡飲料、豆類、花椰菜、豆芽、高麗菜等食物都會在消化過程中產生氣體，而氣體在消化系統中累積，便會導致腹脹。另有人發現口香糖、甜味劑、酒精、咖啡因和蛋白質補充品等飲食會讓腹脹的症狀變本加厲。

便祕及腸道激躁症（IBS）等消化問題也可能會造成腹脹。糞便在結腸不斷堆積時，可能會導致腹部膨脹及不適。IBS 患者則可能會感覺到腹脹，並同時有腹痛、腹瀉或便祕等其他狀況。

考慮到這些成因，你可以做一些事情來解決腹脹。第一步是避開普遍會導致腹脹的食物。你可以記錄進食和症狀的每日狀態，並查明飲食習慣和腹脹發作之間的規律模式。然後，試著在某段時間內避開某種食物，並觀察身體反應有沒有差異。

此外，選擇原型、未加工且富含纖維質的食物，例如水果、蔬菜、全穀物和豆莢。此外，優格及克菲爾（kefir）等發酵食品富含益生菌，能夠幫助消化，也可能會減少氣體產生。某些藥草和香料比如薑、薄荷、茴香等，傳統上會用來減緩腹脹、促進消化。有人認為亞麻仁和燕麥也頗有助益。

除了改變飲食習慣以外，生活習慣上的改變也值得一試。少量多餐會有正面的幫助，緩慢、充分地咀嚼食物也能夠減少吞嚥空氣。多喝水能避免身體脫水，並促進腸道規律蠕動，或能減緩腹脹的發生。規律運動也會有幫助，可以刺激消化、緩和水腫。

如果腹脹未能改善，甚至還有其他症狀的話，建議去看醫生。極罕見的案例中，腹脹是卵巢癌的徵兆，尤其好發於年過 50 的女性。

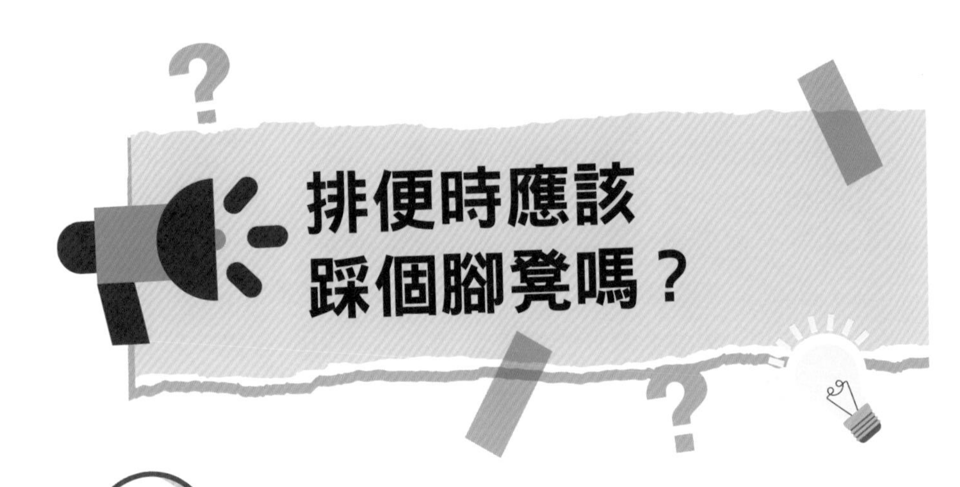

排便時應該踩個腳凳嗎？

簡單來說，如果你現在排便暢通無阻，那就不太需要腳凳。然而，如果你苦於便祕、痔瘡或骨盆底功能障礙，那不妨試著在如廁時踩個腳凳。如此可讓排便更有效率並減少用力的情況，或許能夠幫得上忙。

人類演化的方向是要蹲著排便，這個姿勢能讓直腸筆直，並放鬆恥骨直腸肌（puborectalis muscle），讓排便更加容易。過去及現今某些文化當中，人類都是蹲著排便，但現代的馬桶讓我們上大號時採取更挺直的坐姿。理論上來說，這種坐法會讓恥骨直腸肌保持部分收縮，造成直腸彎折，導致排便可能變得更困難。

2019 年《臨床胃腸病學期刊》（*Journal of Clinical Gastroenterology*）上一篇研究調查了排便姿勢造成的影響，發現坐在馬桶時踩著腳凳會大幅減少排便所需要的時間，並減少出力的感受。不過這份研究只有 52 名受試者資料，當然也都只是主觀感受。

另一篇於 2003 年由《消化系統疾病和科學》（*Digestive Diseasesand Sciences*）出版的研究發現，所有 28 名自願受試者使用蹲姿如廁時，良好排便所需的時間及排便的出力程度，都比坐姿少了非常多。不過，這仍是一份小型研究。

我們常常會建議便祕的孩童使用腳凳，至少從大家口耳相傳的經驗來看，多少會有些幫助。

一般而言，使用腳凳不會有任何壞處，因此如果你符合剛剛提到的狀況，是可以試試這個方法。記得要搭配一些減緩便祕的小訣竅，比如增加飲水、多補充纖維素等。

最佳的「黃金時間」是一天蹲廁所幾次？

美國系統生物學研究院表示，排便頻率可以反映個人的長期健康狀態，也可以得知健康個體的排便頻率。

研究團隊首先將 1,400 名健康的參與者，依據排便頻率分為四類：便祕（每週一至兩次）、低正常值（每週三至六次）、高正常值（每天一至三次）以及腹瀉。

在這項發表於《細胞報導－醫學》（*Cell Reports Medicine*）上的研究，探討了排便頻率與年齡、性別、遺傳及腸道微生物體等因子之間的關係。結果顯示腸道健康的排便頻率「最佳區間」是一天排便一次至兩次（高正常值類別）。排便頻率落在此區間的人，腸道中的纖維發酵菌相當興盛，表示這些人有相似的腸道微生物體。

排便頻率較低則表示糞便待在腸道的時間有點長，可能會造成問題。糞便中的微生物會將膳食纖維轉變成有益的短鏈脂肪酸，但時間過久會使微生物將糞便中的膳食纖維消耗殆盡，一旦沒有這些纖維，微生物會開始使用蛋白質進行發酵作用，釋放有害的毒素並進入血液當中。這些毒素可能連結了腸道健康與慢性疾病的風險，例如便祕與腎損傷，以及腹瀉與肝損傷。

未參與這項研究的美國賓州州立大學分子毒物學教授安德魯・派特森博士（Andrew Patterson）表示，「這項研究突顯出我們必須重視人類與這些住在我們體外與體內的微生物化學家們之間的關係，並且探討一旦這種互動關係遭到破壞會有什麼後果。」

月球真的會影響女性的生理期嗎？

很多人相信月球會決定女性的生理期何時開始和結束，就連達爾文也認為這種與月球的連結源自於人類過往曾在海洋中隨著潮汐漲落過生活。但在期刊《科學進展》（*Science Advances*）發表的新研究指出，生理期很可能不符合 29.5 天一輪的月球週期，而是由人體本身的生物鐘所主宰。

不僅如此，研究還發現，目前任何生理期與月球的連結都會依大陸而異。根據專家觀察，歐洲女性的生理期通常始於眉月，北美洲的女性則多半始於滿月。生理期通常一個月到來一次，但決定此一模式的機制尚未明朗。研究團隊希望進一步了

解生理期的運作模式，因此針對 3,000 多名歐洲與北美洲女性蒐集並分析了近 2.7 萬個生理期資料。具體來說，他們追蹤每一輪生理週期的月經第一天為何時。

研究團隊發現，生理期和月球週期僅呈現弱相關性，而且來自不同大陸的樣本相關性各異，更是支持了這番理論。團隊表示，這意指月球週期和生理期如果存在任何相關性，很可能是生活型態因素（例如睡－醒週期）造成，而非與月球本身有關。儘管如此，團隊也指出，在女性較常暴露於月光的群體中，月球對生理期的影響或許會較強。

不過，研究判斷，女性卵巢的節律應該較可能取決於人體的生物鐘（晝夜時鐘）。相關資料點出了研究團隊稱為「位相突變」（phase jump）的現象，也就是女性的生物鐘與常規週期發生不一致，因此直接跳至下一個穩定狀態，藉此自我修正。

「如果生理期因為任何理由而延長，這個以生物鐘為基礎的過程會迅速應變並縮短週期。」研究作者克勞德・葛洪費博士（Claude Gronfier）說。

位相突變也揭示了一種名為「相對調節」（relative coordination）的現象，這是晝夜時鐘中常常發生的事件，其中一例就是我們橫跨不同時區後會產生一種不協調的感覺。

在其他人類健康相關的問題中，包括癌症、睡眠障礙和憂鬱症，科學家已開始採用光照療法等時律生物方法，希望找出積極有效的治療方案。由此來看，這項研究無疑也為排卵障礙症帶來新的治療可能性，或可藉此提升生育率。

預測並延後更年期的大膽計畫？

一名女性的存在是從她外婆的子宮裡開始的，當時的她還是母親體內發育中的卵巢裡的一顆卵母細胞（尚未成熟的卵子），然而她的生育能力（無論是哪方面）自那時起就已成定局。不過，好消息是英國劍橋大學開放實驗室的科學家正在想辦法改變女性的生殖命運。絲妲夏．斯坦科維奇博士（Staša Stankovi）正是其一，她和團隊想要探討的各項謎題之中最重要的就是如何保存卵子。

女性卵巢中的卵子數目有限，而且早在出生之前就決定了。斯坦科維奇將這方面的生育能力比擬為一座沙漏：沙子（卵子）只會朝單方向不停落下，幾乎掉光時，更年期就來臨了。「我們正在設法控制沙漏中間狹窄的部分。」她說，「希望可以縮到讓女性一生當中掉落的沙子越來越少，如此一來就能盡可能延長沙漏上半部（卵巢儲量）的保存時間，也可以使這些卵子維持比較好的品質。」

斯坦科維奇從五年前起參加一個研究團隊，嘗試研發檢測方法來預測女性的生殖期，也因此可以預測開始進入更年期的年齡。目前這項檢測的準確度來到 65%，但要能夠在臨床上應用至少需要 80%的準確度。

此外他們也在研發不孕症藥物，亦有望推遲更年期的到來。更年期通常在女性 45 到 55 歲之間開始造成影響，此時她們體內的卵子數量已經剩下不到 1,000 顆。有 10%的女性會提早進入更年期（在 45 歲之前），還有非常少數的女性（10%）在 40 歲之前就進入更年期，這項藥物也許能夠改變她們的人生。

研究團隊仔細鑽研來自超過 20 萬名女性的資料，尋找可能影響生育能力和更年期的所有因子，這些資料不只包括與個人生育能力有關的資訊，還有其他與個人健康有關的大量資訊。

「我們有各式各樣的資訊：一天看幾次電視、荷爾蒙狀態、罹患的疾病、磁振造影掃描結果等，應有盡有。」斯坦科維奇說，「有了這些資料，我們可以開始建構關係網，而且不是只侷限於生殖健康領域，還包括與失智症和糖尿病等其他健康狀況之間的連結。」

這些資料也讓研究團隊得以製作出史上第一份與女性更年期年紀相關的基因變異圖譜，當中包含 300 個基因變異。有了這份圖譜，斯坦科維奇認為研究團隊將有望找到造成更年期提早以及多囊性卵巢症候群（PCOS）等卵巢病症的原因。屆時能夠同時治療這兩種卵巢病症的藥物應該也將誕生。斯坦科維奇認為這項藥物或許能夠在 10 年內研發出來，不過她不允許自己為此感到興奮：因為還有很長的一段路要走。

研究團隊仍需要找出有哪些關鍵基因參與其中，加以檢測之後研發藥物，使女性在年齡增長之際，依然能夠維持卵子的品質和數量。每一個階段都需要作出重大決定，並進行嚴謹的測試。

目前這個領域的研究團隊已經在人類細胞和實驗動物模型上測試這些基因，包括類器官（在實驗室中培養、模擬卵巢的迷你器官）和小鼠，並採用包括 CRISPR 在內的實驗性基因編輯技術。

小鼠在自然情況下不會有更年期，人類、部分黑猩猩以及鯨魚是極少數有更年期的物種。所以研究團隊是在小鼠和類器官當中，建立與女性生殖系統相同的荷爾蒙狀態，用以檢測生育能力和生殖方面的健康狀況。

斯坦科維奇的團隊已經獲得令人興奮的成果，在 2021 年，他們從 300 個與更年期相關的基因變異裡看中了 CHEK1 和 CHEK2 這兩個基因，並在小鼠體內多加一套 CHEK1 基因，或是移除小鼠體內的 CHEK2 基因。

這兩種經過基因改造的小鼠都有更年期延後的徵兆，而且生殖期延長 25%，生殖率也明顯提升。

「這是第一次觀察到更年期延後的證據。」斯坦科維奇說，「真的太棒了。不過，當然還必須解決一些科學問題和安全疑慮，然後才能在人體上測試。」這是因為，雖然更年期提早與糖尿病和骨質疏鬆症等疾病有正相關，但更年期延後也與生殖系統癌症牽連在一起。

對斯坦科維奇而言，這項研究不單純只是延長女性能夠懷胎的時間，還要能夠提升女性的健康狀態。「更年期是女性整體健康狀態即將走下坡的警訊，它與女性體內的一切事物息息相關，我們不希望女性在進入更年期之後，還必須承受停經後的相關困擾長達 30 到 40 年。」

操控更年期

女性的生育高峰在 20 歲左右，接下來隨著年齡增長，可受孕的卵子數量也隨之快速遞減。

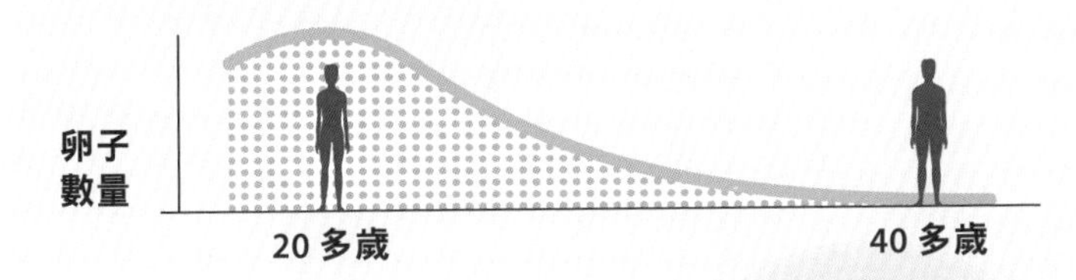

CHEK1 和 CHEK2 是從 300 個已知與更年期有關的基因變異中選出的目標基因。

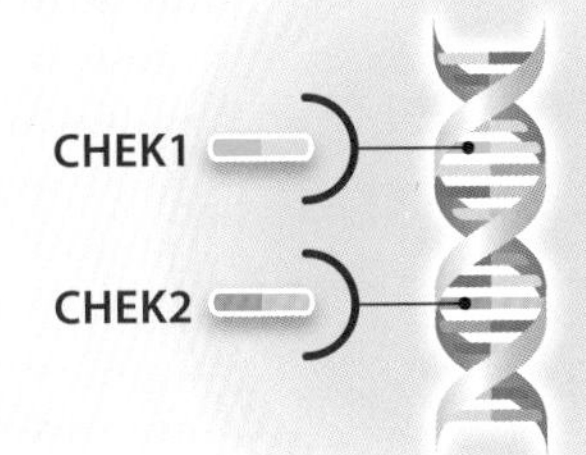

改造小鼠 DNA 中的這兩種基因，可以使小鼠擁有更長的生殖期。

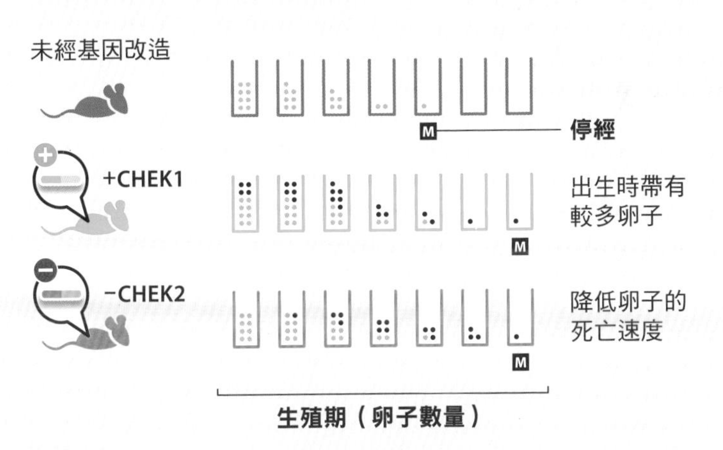

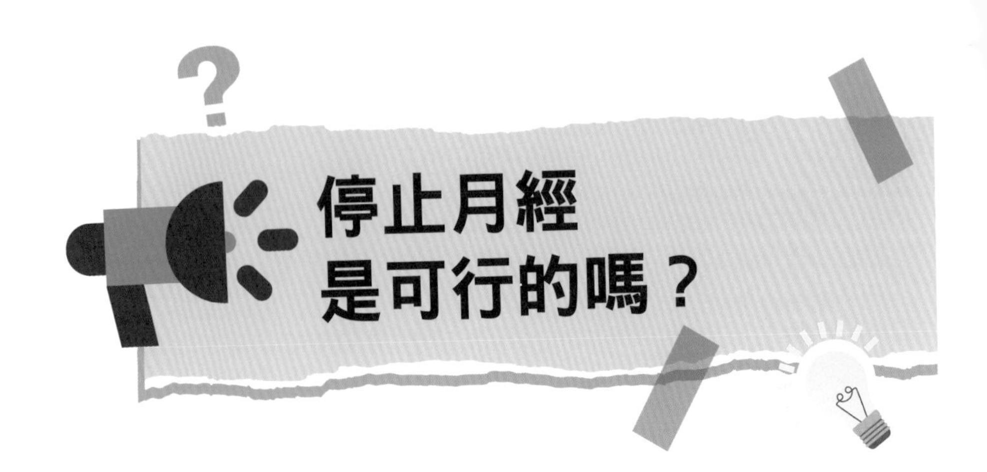

停止月經是可行的嗎？

女性平均每 28 天會來一次月經，而且此循環會影響她們人生中 40 年的時間。月經不僅僅是流血而已，經痛是很常見的伴隨現象，研究指出 84％的人固定會有經痛，嚴重時甚至必須請假休息。不僅如此，月經還是很昂貴的一件事，據估一輩子平均要為此花費大約新台幣 19 萬元。

有鑑於此，想要停經也是很合乎常理的想法。月經在人懷孕或哺乳時會自然停止，或是更年期後也會停止，但是透過避孕藥物或裝置來停經是否安全呢？

在英國，性活躍的女性有近半數會透過某種形式的荷爾蒙避孕藥物或裝置來停止生理期。無論是藥丸、植入物或是子宮環（hormonal coil）都會釋出阻止排卵的荷爾蒙，除了讓人體停止排卵，也讓子宮內膜不會為了備孕而增厚。由於子宮內膜脫落是導致經痛和出血的原因，停止子宮內膜增長在多數情況中即可達到停經效果。

「沒有生理期，其實也沒什麼不好。」英國利物浦婦女醫院的婦科醫生妮可菈・譚沛斯特（Nicola Tempest）說，「這些人透過避孕藥物或裝置來提供所需的荷爾蒙，所以對身體沒有造成什麼損失。」

不過，停經沒有任何缺點嗎？

如果有人原本的月經具有規律（而且未使用任何荷爾蒙避孕藥物或裝置），一旦月經突然不來，可能是發生一些狀況。譚沛斯特表示，月經偶爾不來一次倒沒什麼，但要是原本週期規律的人突然好幾個月都沒來月經，可能是有潛在的問題。

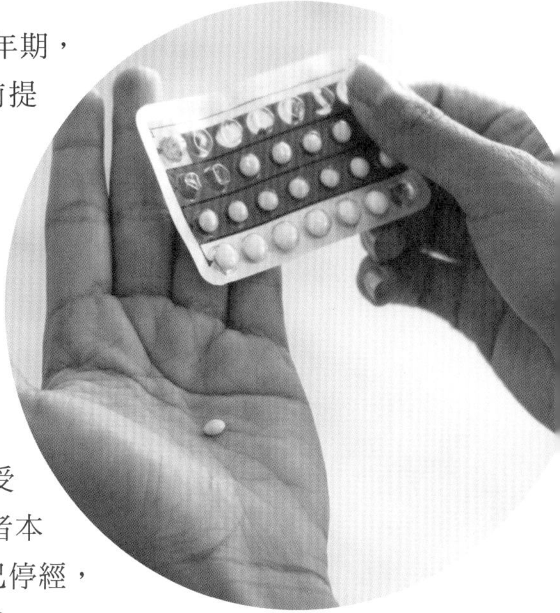

第一個可能是早發性更年期，也就是月經週期在 40 歲前提早結束，進而導致停經。

另一個可能則是多囊性卵巢症候群（polycystic ovary syndrome），在英國約有 10％女性受此症所苦。

譚沛斯特指出，上述任一症狀的患者還是需要接受荷爾蒙藥物治療。即使患者本身使用避孕藥物或裝置而已停經，也有其他可用於診斷的症狀。

當然，使用荷爾蒙避孕藥物或裝置時，有些人的確會遇到副作用。長期來看，使用避孕藥物或裝置會稍微增加乳癌、肝癌和子宮頸癌的風險，但正如譚沛斯特所說，長期生育控制也會減少子宮內膜癌和卵巢癌的風險。在她看來，月經並無必要，無論背後原因為何，「如果不想要月經，就不要有月經」。

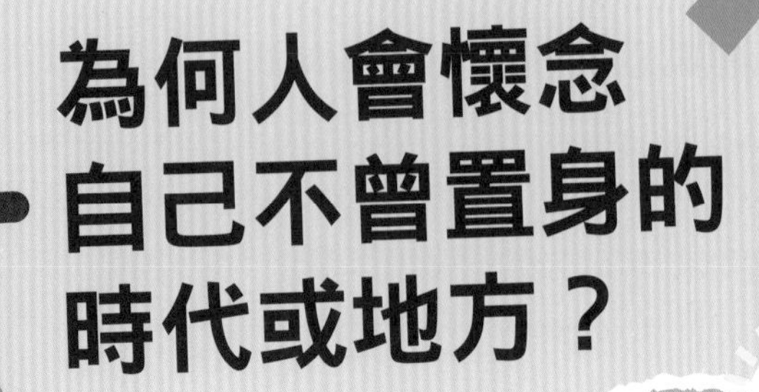

為何人會懷念自己不曾置身的時代或地方？

英文裡的「nostalgia」（懷舊）是一名瑞士醫師在 17 世紀發明的詞，由希臘語的「nostos」（對回家的渴望）和「algos」（痛苦）組成，用於形容傭兵離鄉背井打仗的思鄉之情。

我們也會用這個字詞來描述對過往美好的憧憬，這個過往可以是我們去過的地方，也可以是認識的人。心理學家指出這類型的懷舊有其心理效益，例如紓解寂寞或存在焦慮。但懷念自己從未經歷的過往又是怎麼一回事呢？根據《字典：形容無以名狀的悲傷》（*Dictionary of Obscure Sorrows*）一書，這種現象稱為「anemoia」。

傳統上來說，心理學家認為懷舊是人對自身經驗的追憶行為，因此對自己未曾歷經的過往產生懷念並不屬於此範疇。不過，美國杜克大學的哲學家菲利浦．德布里加德教授（Felipe De Brigard）對此表示，懷舊是更廣納百川的概念，其中亦可涵蓋我們對某些人事物的嚮往之情。

德布里加德提出這項論述，是因為有研究指出「記憶本身是一種創造過程」。

當我們回憶時，不是直接由大腦檢索某個過往片段，而比較像是讓大腦去模擬過往的事件。有鑑於此，德布里加德認為「懷舊」雖能以真實記憶為本（模擬美好的過往），但考量到記憶中參雜了想像元素，想像中的過往美好可以激發「懷舊」也不至於令人意外。

這種基於想像的懷舊之情往往是受到故事或對過去的宣傳所影響，例如讀過或聽過對過往時期或地方的美化說法。我們的大腦會根據這些說法，模擬那些地方或時代可能是如何美好，並不由得想要親身經歷。

德布里加德表示，對現狀不滿的人更容易產生這種憧憬。如果你有此感受，你絕非少數。社會心理學家和政治學家近來開始思考「anemoia」是否可能推動了民粹運動興起，例如「讓美國再次偉大」運動，以及英國的脫歐運動。

年長一輩的民粹選民或許緬懷傳統，緬懷那個他們親身經歷的時代（當然，他們的記憶未必百分之百準確），但許多年輕選民似乎也很歡迎這種包著懷舊外皮的政治宣傳，而「anemoia」成了一大可能成因。他們或許是帶著有色眼鏡在緬懷過往時光和地點，尤其要是他們當下過得不好，那股懷舊之情可能就會變本加厲。這股情懷會讓他們更容易倒向那些宣稱要「恢復往日榮光」的政治人物。即便那些往日只是虛構想像而已。

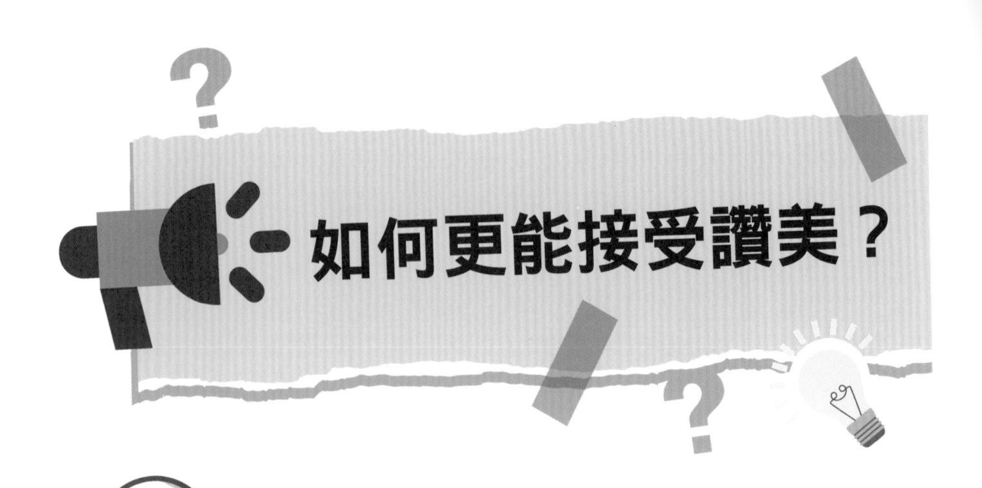

有時候，讚美其實就像地雷區一樣。比利時的心理學家已經注意到幾種原因，可能使讚美反而讓接受讚美的人覺得不快。

只要有人稱讚另一個人，被稱讚的人就有可能覺得自己被別人審視，因而覺得不安。舉例來說，如果你和朋友見面，其中有個人說你穿得很好看，那或許你就會因為成為別人目光的焦點而覺得不自在。這種狀況也可能有社會上尷尬或不適當的因素存在，例如你的老闆親自跑來稱讚你。

除了上述原因之外，你也可能會覺得虧欠稱讚你的人，然後就會有一種要投桃報李的壓力；或者也許你會覺得別人誤會了（或許稱讚的內容和你對自己的想法矛盾）；或者也可能是你覺得自己配不上那個讚美，比方說你其實對自己做的某件事很失望，這時卻有人為了那件事稱讚你，這可能會讓你覺得很煩悶。甚至還有一種可能是，你很開心自己完成了某件事，比方說替伴侶準備了非常浪漫的晚餐，結果對方的稱讚（像是「喔，很好」）卻不怎麼樣。

有一種克服這種感覺的方法，就是提醒自己現在正在稱讚自己的這個人是懷著好意這樣做的。他們可能希望你知道，

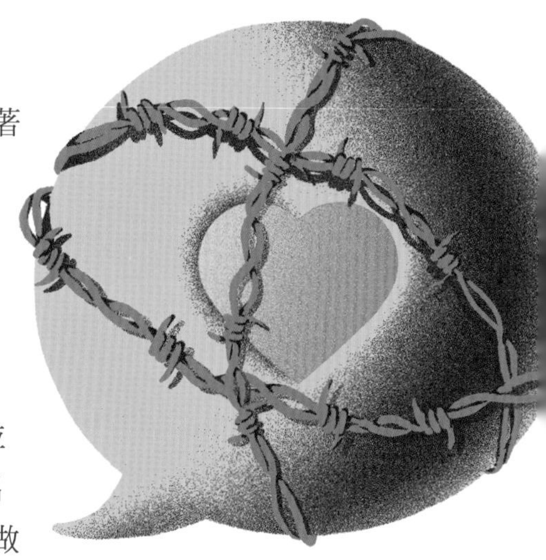

他們對你在某些方面的表現有著正面的評價，並且他們預期自己的讚美會讓你開心。如果這樣的讚美來自朋友或伴侶，他們或許還希望這樣的對話能讓彼此更親近。

要用這樣的方式看待事情並不一定那麼簡單，研究也指出對自尊心比較弱的人而言，要做到這點可能會尤其困難。如果你在這點上有困難，你或許會發現自己真正要的東西，是希望有人瞭解自己，而當別人讚美你的時候，你接收到的訊息卻是他們並不真的「懂你這個人」。

心理學家研究了戀愛關係當中這類的動態狀況，發現自尊心比較低的伴侶若是聽到另一半的讚美，可能會有反效果：自尊心低的人只覺得對方不瞭解自己，並且會因為擔心自己無法承擔伴侶不實際的信任而焦慮。

還有一些研究想要找出怎麼幫助自尊心較弱的人，讓他們能在得到讚美時受益更多。主要的重點是要脫離這種心態，不要總想著這些讚美到底符不符合你對你自己的看法。這種人應該試著專心想想這句讚美在當下到底是什麼意思（比如代表你做了讓人覺得值得稱讚的事），以及這句讚美對你和稱讚你的人之間的關係、以及對方對你的看法有什麼正面的含義。

長期而言，如果你能找到辦法加強自己的自尊心，或許就會發現這個過程中還順便讓自己越來越易於接受讚美了。

每個人都會覺得越有錢越幸福嗎？

研究顯示，我們可能因為沒有針對某些族群進行調查，一直以來都忽視了全世界最快樂的一群人。

在《世界幸福報告》（WHR）等全球幸福感排名中，學者發現，高生活滿意度通常和高收入有關。不過，這些排名通常沒有調查一些國內規模較小的原住民族群或地方社群。在某些社群，他們的日常生活其實沒有這麼仰賴金錢。

實際上，此新研究表明並非所有快樂的形式都和金錢有關，某些低收入的社群（生活不依靠金錢，而是取之於自然）對生活的滿意度反而特別高，甚至可以算是全球最幸福的一群人。該研究的第一作者維多莉亞・雷耶斯－加西亞教授（Victoria Reyes-García）表示，「我們經常在研究中發現高收入與高生活滿意度有關，但這並非全球通用的守則。這項研究也證明人們不一定需要工業化經濟社會所產生的財富，也能過上快樂幸福的生活。」

雖然研究機構和 WHR 不同，另一篇發表在《美國國家科學院院刊》（PNAS）的研究使用相似的方式來評估幸福程度。這篇研究要求受訪者將幸福程度想像成一座階梯，最理想的生活是 10 分，最糟糕的則是 0 分，接著請他們以這個標準評估自己現在的生活。

在這篇新研究裡，學者將「考慮到生活的所有面向，您對目前生活的滿意度從 0 到 10 分之中約為幾分？」這個問題翻譯為當地語言，並蒐集來自全球 19 個原住民族群或地方社群，共 2,966 名受試者的回覆。受調查的族群中，只有 64% 的群體有任何形式的金錢收入。

這 19 個社群的平均分數為 6.8 分，而最低分數則是 5.1 分（和 WHR 的喬治亞或象牙海岸一樣）。不過，有四個社群的平均分數高於 8 分。如果將他們的數據納入 WHR 指標，他們會占據榜首，成為全球最幸福的人。

2023 年的 WHR 結果顯示，幸福度得分最高的國家是芬蘭（7.8 分）、丹麥（7.6 分）和冰島（7.5 分）。根據這則新研究，得分最高的族群來自中南美洲，而研究作者表示，「即便大多數族群在歷史上被邊緣化且受到壓迫」，他們還是獲得了高分。

中南美洲的原住民及當地社群在一篇關於幸福程度的新研究中獲得了高分。

為什麼做善事能讓人感覺很棒？

身為接受善意的人感覺會很好，相信這我不用多說。不過，雖然做善事沒辦法吃飽，但這樣的經驗可不容輕易忽視。當你沒有料到一個人會對你好時，比如陌生人幫你開門，或是店家送你免費的咖啡，對方善良的舉動會刺激你大腦中的愉悅中心「依核」（nucleus accumbens）中的活動。

2021 年，超過 60,000 名受試者填寫線上善舉測試（Kindness Test）的問卷，結果顯示做善事對身心健康有所益處。不論你是給予或者接受善舉，感覺都會變好。

經常擔任志工或捐錢給慈善團體的人都會提到，他們做好事時，心裡總是會暖暖的。這種「助人的快感」（helper's high）和大腦活動相符：為人善良將會使大腦分泌兩種能使人感到愉悅的賀爾蒙：催產素和血清素。所有善舉之中，志願活動能為付出和接受的人帶來最多益處；事實上，一則統整各研究的統合分析發現，經常擔任志工能減少約四分之一的死亡機率。

在家中為人和善也益處多多：一則包括 59 名女性受試者的研究發現，與伴侶的擁抱可以降低靜止狀態的血壓和心率。

研究也發現，單單是注意到善行並心存感恩，就會對身體產生正面的效果，像是增強神經系統降低過快心跳的能力，幫助高血壓患者降低血壓。科學家發現每週寫感恩手帳的人，身心靈更為健康，更常運動，且自稱身體更健康、心態更積極正向。研究顯示，露出笑容對自己也會帶來正面的影響，因此即便是對陌生人微笑，都可能讓你更快樂。

善行對身體和心靈都有益處。因為研究才做善事的受試者表示，他們的舉動雖然不是完全出於利他的心態，但在做好事時感覺更有自信、更能幹也更有決心。因此，如果你決定開始散播一點善意，很快就能蒙受其惠。

做好事不必花費大把時間、金錢或勞力，以下是幾種幾乎零時間成本，就能變得更加友善的方法：

- 傳送一封感謝的電子郵件給工作上合作過的夥伴。
- 稱讚陌生人。
- 為同事泡杯茶。
- 為朋友買份小禮物，或者以他們的名義捐款給慈善機構。
- 傳訊息給家人表示感謝。
- 想一件你覺得感恩的事情。

為善真的很重要，它能培養我們的同理心、滋養深入的人際關係、引起正面情感，甚至能促進心臟健康。更不用說，善良也會傳染：成為友善的人，你也會感染身旁的人，讓他們變得更友善，而他們也能享受所有前文提到的好處。

喜劇背後為什麼常有淚水？

喜劇演員馬修・派瑞（Matthew Perry）於 2023 年 10 月 28 日不幸去世，他曾在知名電視劇《六人行》（*Friends*）中扮演廣受喜愛的諷刺幽默角色。那時人們不只是悼念他逗人發笑的才華，訃告中最引人注目的，還有他與心理健康的鬥爭，以及對酒精和止痛藥的成癮，他本人無疑會贊同這點，畢竟派瑞自己在此議題上也從不諱言。

派瑞不是唯一的例子。許多喜劇名人也都受精神健康疾病所苦，大家很容易想起羅賓・威廉斯（Robin Williams）和斯派克・米利根（Spike Milligan）。這些有才華的人很適合用「小丑的眼淚」概念來詮釋。在這則老笑話中，有名憂鬱症患者去看醫生，醫生建議病人去看知名的小丑表演來提振精神，但病人淚流滿面答道，「可是醫生，我自己就是小丑。」

為什麼這些善於逗人發笑的人會如此難以讓自己變得快樂？從人腦運作的方式來看，倒是可以提供一些令人驚訝的合理解釋。

人類是社會性極強的生物：得到肯定時，我們的大腦會體驗到愉悅；受排擠時則會感到痛苦。而低社會地位與憂鬱和焦慮等心理健康問題正有著密切關連。但兩者的因果關係可能很難確定，所以也很難斷言心理健康狀況較差者也比較難獲得他人認可。

不過，幽默感就是一個在根本上與人類互動和接納有密切相關的因素。逗別人開懷大笑是保證能讓大家喜歡自己的有效方法。照此邏輯或許能推測出，有心理健康問題的人為了討他人歡心而更容易訴諸幽默、也變得更擅長說笑。

許多喜劇都取材於人類文化和行為中不合邏輯的一面，並以此做文章。大多數人比較不可能注意到這些東西，因為如果所有人都傾向於認為某件事是正常的，人的大腦就會更容易接受這件事。而具有「外部」視角的人，才有能力以好笑的觀點來詮釋常見的事物。

類似的概念不只有「小丑的眼淚」，還有「飽受折磨的藝術家」：這些人富有創意，能創造具有崇高美感的作品，但內心痛苦、飽受「惡魔」的折磨。梵谷就是個典型例子，挪威畫家孟克（Munch）、美國藝術家波洛克（Pollack）和歌手寇特・柯本（Kurt Cobain）也都很符合。

雖然要成為「飽受折磨的藝術家」有諸多條件，但研究顯示情緒障礙與創造力確存在關聯。也許是擾亂大腦情緒的內部干擾拓展了負責調節創造力輸出的機制。又或者因心理健康問題而起的強烈和非典型情緒迫使人們想辦法來自我表達。畢竟，交流情感正是我們大腦的本能。

當然，不是每個受心理健康所苦的人都內向又不善交際。有許多人確實都能與周圍的人熱絡往來，而這種交際技巧結合創意和「另類」的視角，就構成了偉大喜劇演員的基礎。

也許最重要的是，如果你正在與心理健康問題抗戰，搞笑一下會讓自己感覺好一點。雖然普通人可能會覺得這是惡夢一場，但對於已感到被排擠和拒絕的人來說，在觀眾面前表演也許會讓自己覺得被欣賞、被接納，甚至能夠掌控局面。

以上都能讓大腦給出正面回饋，我們很容易就能看出，這對很難得到接納的人來說，是多麼讓人著迷。

可惜，喜劇演員和觀眾之間的關係並不同於「正常」的人際關係，這種正面連結屬於一種交易，又很短暫。所以為了維持這種關係，他們就必須持續表演。更重要的是，此種「自我治療」可能還有更黑暗的一面。畢竟喜劇世界通常存在於酒吧、夜店等處，而會於深夜出入這些場所的人也有類似的想法。接觸酒精和毒品幾乎是無可避免，這也有助於解釋為什麼有這麼多喜劇演員都因此而掙扎。

這些並不代表所有喜劇演員都是不斷與心理健康問題奮鬥的社會棄兒。成功的喜劇演員未必全都有這些特質，但喜劇界比大多數領域更能接納這類型的人，還可說是能讓他們有所收穫。所以按此邏輯，此領域會存在更多內心在哭泣的小丑，也就不足為奇了。

為什麼總是想不起來夢到了什麼？

我們會想不起來夢到了什麼跟許多因素有關，其中包括心態，像是如果對夢境感興趣，比較可能回想起相關內容。研究也指出，女性回想夢境內容的能力通常稍強於男性。

考慮到我們記憶運作的方式，如果想要記住夢到什麼，那麼起床時必須還記得一些片段。換言之，相較於淺眠的人，深眠的人可能較不容易記起夢境。

如果想提升夢境記憶力，就不要急於開始新的一天。反之，不妨放慢起床的步調，在起身前先回想一下自己是否有做夢，以及做了什麼夢。

此外，在專門的筆記本上寫下夢境內容也有助於記憶。一篇在《創意行為期刊》（*The Journal of Creative Behavior*）發表的論文找來兩組受試者，實驗組受試者每天在日誌中記錄夢境，控制組受試者則記錄前一天的深刻回憶，結果發現實驗組的受試者可以回想起更多夢境。

我總覺得自己做得不夠好該怎麼辦？

想要拿出最好的表現這件事本身沒有錯，心理學家將其稱為「健康的完美主義」，能夠在人生中帶來正面的結果。但是完美主義也有其黑暗面，讓你一直感受到壓力，要達成根本不可能的標準，可能是一種處理羞恥感或不足感的方法。

這種不健康的完美主義之共同特徵是你想要達成其他人的期待，以證明自己的價值。如果你掙扎於不健康的完美主義，很有可能你一直很害怕失敗。當你感覺到失敗了，你會馬上開始責怪自己。也許你內在的批評聲音會責怪你，並說你的失敗是證明你不夠好。

你可以採取幾個步驟來擺脫這種有害的心態。首先，很重要的是瞭解到自我價值與表現未必相關。你只要做你自己，就是有人愛的，如果你難以相信這點，就可能需要尋求心理治療師的幫助。

其次，你是否強迫自己遵守不可能達成的規則，例如「我一定不能犯錯」或者「我一定要拿出最好的表現」。沒有人能

夠那麼完美，所以你要刻意重寫這些規則，讓它們更公平，也更實際。

第三點，盡量讓志向遠大。積極向上和具有野心並沒有錯，但要確保這是為了你自己，不是為了讓某人印象深刻，或者向他們證明自己的價值。

最後，如果你覺得無法達成預期目標，不要把它當成是自己的錯或者不足，而是用建設性的想法鼓勵自己下一次能做得更好。

該怎麼做才不會總想要對號入座？

我們大多數人都在努力培養自尊心，也就是以正面眼光看待自己、以自己的身分為榮。凡是有損自我價值感的評論或經驗都會讓人感到不舒服，想要避免之也是人之常情。但問題是，你的自我價值是否真有受到損害？答案在很大程度上卻是主觀的。這大多取決於你如何看待某人的言行。

把事情看成是針對個人，就表示你將之解釋為對你本人具有重大意義的負面評價。比方說，你的老闆在銷售報表中發現漏洞，你便會覺得她一定認定你是個爛員工。又或者，你有兩個朋友決定不出席你原本計劃好的酒吧聚會，你就覺得這是因為他們厭倦了你。心理學家為此種思維模式取了個名字：「個人化」（personalisation）。

你的老闆可能其實很看重你，只是你的報表裡出現幾個錯誤，她想提醒你，讓你下次可

以進步。同理，朋友取消聚會的原因可能是因為剛好身體不適，或只是改變了主意。

在以上兩個例子中（以及你我都有過的其他經歷），還有另一個因素在起作用，心理學家稱之為「讀心」（mind reading），指的就是人在無法直接斷定他人對自身的看法時，卻自以為知曉他人的想法。在前述例子中，若你在假定老闆覺得你沒用，或是朋友覺得你很無聊，那麼你就是在「讀心」。

若要避免落入個人化和讀心的境地，有個簡單方法就是挑戰你的負面假設。要是你發現自己在某件事裡對號入座了，不妨試著想出一些不那麼關乎你個人的其他解釋，尤其要跳脫關於你自己的深層看法。

這麼做的同時，試著設身處地，從對方的角度看事情也許會有所幫助。比方說，要委婉給出負面評價可能並非易事。

但畢竟老闆願意花時間給你意見，表示他非常關心你，希望能幫助你改進。至於朋友方面，也許正是因為你們的友誼如此深厚，他們才覺得可以臨時取消。你也能捫心自問，自己真的從來沒有只是因為覺得累或心情不好而未能履約嗎？

想以自己為榮的心態很健康。但驕傲的形式各有不同，若你認定自己天生與眾不同，也為此感到驕傲（指的是「驕矜自大」〔hubirstic pride〕），那你肯定會更加敏感，更容易認為事事都是針對你個人。

不過，你也可以改為試著為自己付出的努力、正面心態及成就感到自豪（「真實驕傲」〔authentic pride〕）。這種焦點轉變也會有助於讓自己不那麼敏感，也就比較不會對任何事都對號入座了。

何謂記憶突點？

記憶突點（reminiscence bump）是自傳式記憶（指人對至今生活中各事件的記憶）的一個古怪之處。一般來說，我們較能記住最近發生的事情；人比較有可能記得自己昨天做了什麼，但不記得一年前的今天做了什麼。但記憶突點卻打破了此規則：這表示，比起最近發生的事件，我們往往特別容易記住青少年時期和剛成年時發生的事件。

心理學家已記錄到各種確實存在的記憶突點。舉例來說，超過 30 歲的人更有可能記住 10 至 30 歲時發生的重大公共事件及其細節。不僅如此，若讓你說出自己最喜歡的足球員，你也較可能會選擇該時期的球員，最喜歡的樂團或電影也一樣。你可以測試看看出生自不同世代的家人。

解釋記憶突點的理論有幾種。其中之一，是因為我們在 10 至 20 幾歲這段時間的許多經歷都是形成人格的關鍵。這些記憶與我們正在發展的自我意識交織一處，因此非常難忘。

另一個有關理論指出，我們年輕時會有很多第一次經歷，像是初吻或首次出國旅行，第一次舉辦音樂會或參加足球賽等，這些經歷的新奇感都使其非常有紀念性。

還有個比較無趣的解釋：我們的心理健康和記憶力會於生命的第二和第三個 10 年達到頂峰，因此我們比較容易記得那段時間發生的事。

為什麼人會喜歡收藏東西？

重要原因之一就是因為好玩。無論生活中有何變故（從人際關係碰壁到工作不如意），只要當個收藏家，就能自己定下可實現的明確目標。人在搜尋願望清單上的東西時，便能享受到「狩獵」的樂趣，然後體驗到將東西加入收藏裡的興奮感，還能向他人炫耀。

事實上，收藏的社會面向也是其誘人關鍵。收藏家經常會自成一個社群，並分享知識或互相競爭，這能營造出強烈的歸屬感。當然，網際網路也讓這類社群更容易蓬勃發展。收藏也能表現出其他形式的歸屬感。以足球迷來說，收集比賽節目單或其他紀念品正是他們對特定球隊歸屬感的延伸。

有些收藏家的動機則在於懷舊，無論是關乎集體或個人。比方說，收集舊時特定物品的人常會認定自己是在保留舊時代的某些方面，這正是其動機來源，想想收集古董槍或維多利亞時代明信片的人就知道了。不僅如此，他們收藏的每個物件都可能含有大量個人記憶，例如首次獲得某個物件的旅行經歷。

有些心理學家則認為收藏背後具有更深層的心理驅力。他們指出，人若缺乏有愛的人際關係，收藏也許能作為一種補償；這也可能是某些人應對存在感焦慮的方式（即使收藏家去世後，藏品仍然存在）。

你也許會思考，收集和囤積是否相同？答案為否。囤積行為往往不受控制，收集的品項也沒有明確區別，此種行為已造成問題，也被認定為精神疾病。相比之下，收集則關乎深思熟慮的安排及管理。

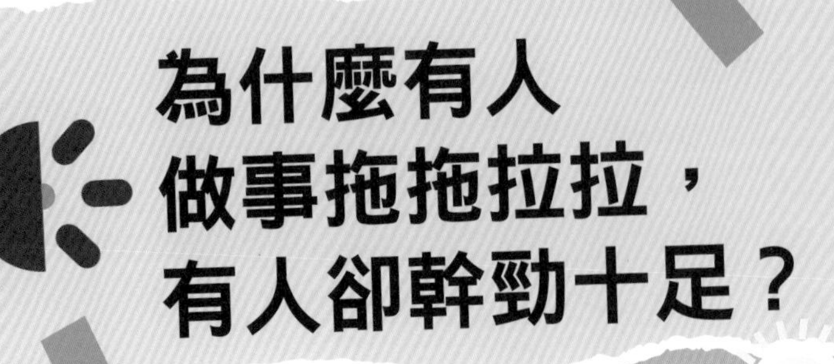

為什麼有人做事拖拖拉拉，有人卻幹勁十足？

我們身為人類，大多會受本能驅使去追求食物、住所、夥伴情誼及認同。但若是更抽象或長期的目標，有些人似乎有永無止歇的精力，而有些人就是提不起勁來跨出第一步。當你備感激勵時，腦袋裡發生了什麼？能否駕馭這種積極奮發的感受，讓這種感覺更常出現呢？或者更進一步想：動機真的不可或缺嗎？做事可以沒有動機嗎？

著有《給伴侶的接受與承諾治療》（*Acceptance and Commitment Therapy for Couples*）一書的臨床心理師艾比蓋爾．列夫博士（Avigail Lev）認為，「從神經心理學的觀點來看，大腦中參與動機的主要區域是杏仁核和前額葉皮質，這兩者需要順利搭配，才能讓有效的行動發生。」

列夫補充道，杏仁核是情緒中樞，而前額葉皮質是幫助規劃、執行各項決定的地方。「杏仁核控制大腦的恐懼反應，能夠促使我們展開行動。不過，焦慮適用物極必反的原則，焦慮過度反而會讓人動彈不得，沒辦法好好做事。」

要達到最適當的焦慮程度，就輪到前額葉皮質發揮作用了。

「它能幫忙提前規劃，將事情拆解成小步驟，並運用我們的執行功能和高階能力，整理出達成目標的有效方法。」列夫說。

動力的起源

在錯綜複雜的機制背後，是多巴胺這個大家耳熟能詳的名字，它是一種神經傳導物質，在控制動機上扮演著舉足輕重的角色。我們遇到事情而分泌的多巴胺多寡，代表我們認知到這件事情是好或壞。

「這個反應能幫助我們選擇從事哪些行為，才能獲得好東西、避免壞東西。」神經科學家艾米·萊凱爾特博士（Amy Reichelt）說，「神經元放電而釋放腦內多巴胺有兩種方式，一種是穩定狀態，另一種則是『階段性』的遽變，會導致大腦特定構造的多巴胺濃度快速增加或減少，其中包括大腦的重要區域依核（nucleus accumbens），它跟人類面對獎勵及付出努力的運作有關。」

根據萊凱爾特的說法，吃一根美味的巧克力棒等獎勵經驗可能會觸發多巴胺訊號快速上升；但看到美味巧克力棒的廣告，腦中有了預期的獎勵，也可以有相同的效果。人的注意力會集中在可能的

神經傳導物質多巴胺在大腦的報償路徑（reward pathway）上扮演著關鍵角色。

獎勵上，並產生一股欲望去重現當初那次獎勵的經驗。

換句話說，多巴胺的涵義不只是喜歡，還包括渴望和追求，也因此它是驅動行為的關鍵因子。舉例來說，學術實驗已經發現大腦中缺乏多巴胺的動物不會為了獲得獎勵而從事費力的行為。另外，接受安非他命治療的人會有較高意願執行辛苦的任務，因為安非他命會增加腦中多巴胺的分泌。

這也就代表，多巴胺訊號有操控的空間。比如廣受歡迎的大多數社群媒體平台，運作方式就是利用各種獎勵訊號來影響你的多巴胺分泌，鼓勵你花更多時間滑手機、按讚……就跟賭徒遇見角子老虎機一樣的感覺。

動機的類型

這對於保持動力有什麼意義呢？首先，最明顯的一點大概就是要遠離誘惑（比如有致命吸引力的社群媒體），它會促使你去做一些你其實不想做的事情。此外，你要讓自己做該做的事情時，也能夠誘發多巴胺分泌。不過實際狀況比聽起來還複雜一些。

「動機主要分為兩種：內在動機與外在動機。」英國考文垂的雅頓大學心理學家安東尼．湯普森博士（Anthony Thompson）說，「有內在動機的人從事一項活動或行為，是因為它本質上很有趣，不見得會期待最後有實際的獎勵。相對而言，有外在動機的人從事活動或行為是為了獲得有形的獎勵，比如贏取錢財、得到認同或避免懲罰。」

想要開始新的行動，或是鼓舞自己從事不感興趣的事物，外在動機或許有些幫助，比如在跑步運動之後，犒賞自己看一集喜歡的電視節目。但是有個問題，「起初研究以為內在動機與外在動機是相異但互補的機制。」湯普森說，「然而研究結果發現，提供獎勵等外在動機其實可能會削弱人們做事的動力。原先他們本來有興趣完成的事情，如果中途取消了額外的獎勵，反而會讓人變得興致缺缺。」

這大概能告訴我們，想長期維持積極心態，你需要的是內在動機。如果你對於嘗試要做的事情並沒有本能地感到好奇或起勁，那麼找個方法來賦予它某種意義，會是個不錯的想法。

「我們感覺到自己行為的意義或目的時，內在動機就會增強。」列夫說，「覺得目標對自己而言非常有意義時，會更有機會達成目標。」他鼓勵大家想清楚自己深刻重視的價值觀，並辨別出某些特定的行為是如何符合自己的價值觀。

舉例而言，如果你提不起勁上健身房，那麼將自己深植內心的價值觀與這項行動聯想起來，或許會很有幫助，像是想著要變成活力十足的阿公、阿嬤，能跟著孫子、孫女在遊戲場跑來跑去。一遍又一遍地翻閱電子信箱、參加各種會議，固然是百般個不願意，那不如想想這些工作符合你心中的哪些價值，例如要撐起你珍視的家庭等。

歸根究柢，只要有適當的思維模式，你還是可以打起精神、把事情做完。

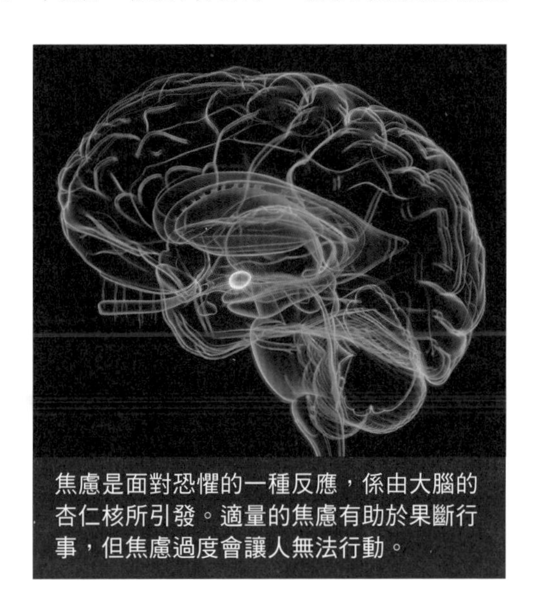

焦慮是面對恐懼的一種反應，係由大腦的杏仁核所引發。適量的焦慮有助於果斷行事，但焦慮過度會讓人無法行動。

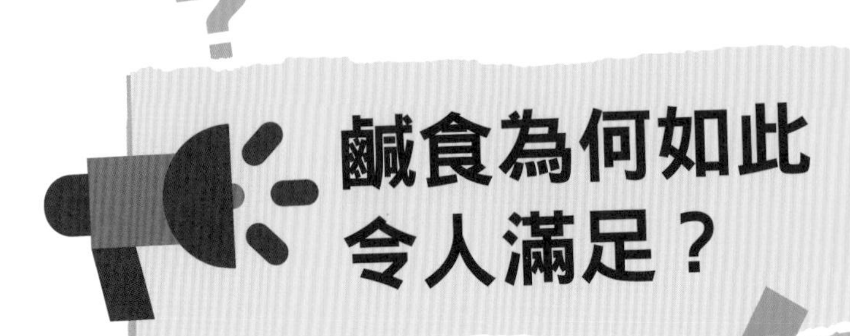

鹹食為何如此令人滿足？

鹹食往往經過高度加工，且含有碳水化合物及脂肪等多種成分，令人吃得心滿意足卻又罪惡感十足。

少許鹽有助於化苦增甜，藉此提味。食鹽中的鈉成分對人體有不可或缺的功用，但因為我們會不斷將其排到體外，所以需要透過食物少量攝取。

有研究團隊為了減少過量攝取鈉造成的傷害，正設法研發出具鹹味或是可提升鹹味的蛋白質替代品。當然，這件事說來容易，做起來可是困難重重。我們舌頭上有部分味蕾是專門用於感受鈉離子，但箇中機制尚未完全明朗。

融化起司的美味從何而來？

人類生來便喜歡攝取脂肪。起司融化時會釋出脂肪，並由乳蛋白構成的網絡承接。加熱會逼出乳蛋白中的水分，留下脂肪得以穿過的孔隙。加熱也會產生具有「鮮味」的胺基酸，例如麩胺酸。不過，如果起司加熱過度，只會留下一團團蛋白和油脂。

其實不僅是起司融化的味道令人銷魂，其氣味也相當特別。近來有研究辨別出起司融化後會釋出的50種揮發性化學物質，其中許多種衍生自味似奶油的脂肪酸。

蛋的用法那麼多樣，有替代品嗎？

蛋含有40多種不同的蛋白質，這就是它們在烹飪上有許多用途的關鍵。

長鏈蛋白質分子會折疊捲繞，好讓疏水（與水互相排斥）部位能夠安全地藏起來。鬆散的鍵結把每個蛋白質分子連結成一個緊密的單位，不過只要加熱或攪拌，就可以解開鎖鍊，或使其產生質變。這可讓不同的蛋白質把疏水區域連結在一起，形成一個強化的 3D 網絡。這樣的凝固過程是不可逆的，會把蛋轉變成一種半固態或固態。

攪拌蛋白可讓蛋白質散開，並拌入氣泡。蛋白質連結起來，集結在氣泡表面，把它們新暴露出來的疏水部位跟蛋白裡的水分分開。蛋白質會阻止氣泡冒出來，即使在烘焙時也一樣。蛋的蛋白質在烘焙時，跟麵粉裡的小麥蛋白質結合在一起，形成強健的受困氣泡網絡，在烤箱裡頭膨脹。

同時，蛋黃裡含有一種叫做卵磷脂的優質乳化劑。乳化劑可以讓油珠在水中散開，也可以讓水珠在油中散開，防止它們分隔開來。

想要找到可以完全取代蛋的替代品很困難。蛋的乳化劑功能也許是最容易取代的，諸如大豆卵磷脂之類從植物提煉

出來的卵磷脂，就是很好的替代品。亞麻、奇亞籽、香蕉或芥末，也都可以用來穩定乳化珠。蛋做為增稠劑比較難以取代，不過拿亞麻籽跟奇亞籽當增稠劑還不錯，尤其是做餅乾跟瑪芬蛋糕時很好用。

要取代蛋的起泡功能比較棘手，這就是鷹嘴豆水上場的時候啦！鷹嘴豆水是用烹調鷹嘴豆之類的豆類所用的水來製成耐熱起泡劑，這種液體含有足夠的蛋白質、澱粉與纖維，可應用在需要用到無蛋蛋白霜的麻煩情況。

想要獲得鷹嘴豆水，可以直接用鷹嘴豆罐頭裡的水，或是自己煮鷹嘴豆，再把用來煮豆子的水收集起來。

日常生活裡的超加工食品有哪些？

近期研究顯示，飲食習慣中若含有大量超加工食品（ultra-processed food），罹患 30 多種疾病的風險將大幅增加（包括心血管和精神疾病），也因此各種食品的加工程度和對人體的影響成了眾所矚目的議題。

然而，超加工食品的定義有時並不明確，更別說要靠標籤來辨認。有些超加工食品顯而易見，有些則可能是令人意想不到的食品。

比如說，義大利麵和米飯等包裝食品是許多人均衡飲食中的重要主食，然而洋芋片和含糖零食等其他的包裝食品則是有害健康的垃圾食物。就部分包裝食品和加工食品來說，產品上的標籤有時令人難以區別該產品究竟為健康食品還是垃圾食物。

即食食品

印上「頂級」、「最佳」等字眼的即食食品，主打讓消費者能夠以最快速簡便的方式輕鬆取得營養均衡的一餐。

乍看之下，產品的食材或許看起來不錯，但是從頭烹煮相同的料理在營養價值上依然遠勝包裝食品。即食食品裡經常添加防腐劑、食品穩定劑和鹽來延長產品的壽命，以及增添風味。

對食品廠商來說，大量製造的即食食品裡使用的材料越少越簡單省事，也使得「餐點」經常營養不均或蔬菜不足。下次要吃的時候，你可以添加蔬菜來維持飲食均衡。

植物奶

食品廠商經常以動物奶的「替代品」來行銷植物奶。人們使用植物奶的方式與動物奶並無二致，名字中的植物兩個字

儘管是不折不扣的超加工食品，植物奶卻帶著健康光環。

更讓產品聽起來像是更健康的選擇。然而，植物奶在營養層面上無法與動物奶相提並論。

動物奶的加工程序非常少，反之植物奶則是超加工產物。植物經過加熱、榨汁、磨粉、萃取並加入水還原成植物奶，植物成分可能僅只有 2%。鈣質等重要營養素則是之後才添加，但鈣質會沉澱在紙盒底部，如果飲用前沒有搖晃均勻，就喝不到鈣質。

對於無法或不想飲用動物奶的人來說，植物奶是不可或缺的選項，然而科學界尚未針對長期飲用植物奶提出研究報

產品的包裝和標籤有時並未清楚標示是否為超加工產品。

告。目前多數研究都聚焦植物本身，而非從植物提煉而成的奶製品。

肉類替代品

肉類替代品也因植物成分而帶著「健康光環」。不過洋芋片、伏特加和甜點等從技術上來說也都是由植物製成。

人們必須透過攝取天然的植物，而非人工肉品裡所含的植物成分來獲得健康益處。減少肉類攝取（尤其是加工肉品）能提升整體健康，而用來替代肉品的選項將帶來其他潛在好處。

代餐飲品

這些飲品宣稱能將產品控制在特定的卡路里內，讓人用輕鬆的方式獲得所需營養。這句話無誤，而且在特定場合中（傷病、食慾不振或貪圖便利）代餐則成了一種必需品。

雖然代餐含有人體所需的重要營養素，在其他方面卻力有未逮，例如天然食物裡包含的「生物活性」，像是類胡蘿蔔素、類黃酮、肉鹼和多酚等複合物。代餐也經常欠缺變化，多樣化的選擇能讓人們更享受食物以及降低重複食用的風險。因此人們如果要食用代餐，應搭配其他食物，如果要做為主要飲食也需先尋求專業意見。

早餐玉米片

玉米片在營養和健康價值上因品牌而參差不齊，有些未經過度加工、糖分低，且含有燕麥和磨碎麥片等有益健康的成分，有些則是過度加工，高糖分的精緻加工產品，使得產品比起早餐更像甜點。有研究發現攝取玉米片能促進整體健康，不過這也必須建立在將整體飲食納入考量的前提。

要記得，所有的食物都能成為健康飲食的一環，但是各個食物的營養價值並非全然相同。不要根據食品標籤來建立飲食計畫，而是思考自己如何在整體生活和目標裡攝取這些食物，因為人們各自都有不同的健康、財務、工作、時間以及生活壓力。

相同的道理，人們也沒必要因為新聞說某種食物會增加某種疾病風險而陷入恐慌。這些案例或許會讓人覺得罹病的個人風險大幅提升，但是實際情形並非如此。這些數字都是依據總人口數承擔的相對風險計算而來的，而非個人風險。換句話說，這些百分比數字並非絕對，而是依據攝取該食物的頻率、數量、搭配食物和最有可能出現的疾病等因素推估而來。

看似豐盛的玉米片真的健康嗎？

少吃些超加工食品就夠了嗎？

人生在世，不是反覆聽到「吃太多超加工食品有害健康」的警告，就是時不時燃起想大吃超加工食品的渴望。

儘管追求健康生活的人不喜歡超加工食品，但根據美國哈佛大學歷經 30 多年的研究，超加工食品對人體健康的負面影響可能沒有想像中嚴重，或許還不如整體飲食品質的好壞。

這份發表於《英國醫學期刊》（*British Medical Journal*）的研究指出，大量攝取超加工食品會導致全因死亡率提高 4%。超加工食品中往往含有色素和香料等添加物，熱量、糖分、脂肪和鹽分都極高，且缺乏維生素或纖維帶來的益處。部分超加工食品對健康特別有害，最糟的是加熱即食的肉品、禽肉和海鮮，另外包括碳酸飲料、乳製甜點，以及甜麥片等高度加工早餐食品也會帶來不少傷害。

研究團隊追蹤近 75,000 名美國女性和近 40,000 名美國男性的健康狀態長達 34 年，期間每兩年請這些參與者回報自身健康情形，且每四年要填寫一份詳盡的飲食問卷。

團隊根據參與者的超加工食品攝取量將其分為四組，攝取量最低的組別每天僅食用三份超加工食品，攝取量最高的組別則是每天會吃到七份超加工食品。研究發現，攝取量最高組別的全因死亡率會上升 4%，且特定因素的死亡率也上升了 9%，其中包括失智症等神經退化病症。

不過，這份研究同時發現，如果考量到參與者的整體飲食習慣，超加工食品攝取量和死亡率上升的關聯會弱化。換言之，提升飲食品質（例如多吃蔬果、豆類和全麥食品）或許比超加工食品的攝取量多寡還來得重要。

研究團隊表示，民眾無須刻意不吃任何超加工食品，只要避開影響長期健康較鉅的品項即可。「吃越多超加工食品越容易早死？事情或許沒那麼簡單。」未參與此研究的營養師杜安・梅勒（Duane Mellor）這麼說，「重點反倒可能是，超加工食品取代了健康食品在我們飲食中的位置。」

應該怎麼處理食品中的萬年化學物質？

最近有報導指出，殺蟲劑和包裝材料中的生物不可降解化學物質正在進入蔬果中。

在英國測試的蔬果樣本中，有超過一半驗出了全氟及多氟烷基物質（PFAS），俗稱「萬年化學物質」（forever chemicals）。這件事使有些人開始呼籲立法禁止含有這類化學物質的殺蟲劑。

不過，如果吃了這些含有 PFAS 的蔬果，對健康到底會有什麼影響？

什麼是「萬年化學物質」？

PFAS 是上萬種化學物質的統稱，它們有著非常強的碳氟鍵，包括全氟辛烷磺酸、全氟辛酸銨和全氟己烷磺酸，用於製造布料、食品包裝、不沾黏的烹飪表面與需要耐熱、耐油與耐水穩定性的殺蟲劑。但這樣的穩定性也代表這類化學物質比較難以透過生物方式分解，能存在於環境與人體當中很長一段時間。

這些物質對人類有多危險？

PFAS 對人體健康的影響還在研究當中。目前從動物測試的觀測性證據與資料指向，曝露在較高劑量的特定種類 PFAS 與特定的健康問題有關，包括膽固醇偏高、甲狀腺異常、肝功能異常、懷孕異常與某些種類癌症的風險升高等。

因此，許多政府開始限用 PFAS。有些種類被完全禁止，有些則必須遵守食物與飲用水中驗出的最高劑量限制。這些種類之所以是受到限制而非禁止，是因為它們造成的風險並非絕對，也非定局。

用於提升作物產量的殺蟲劑已經進入了我們的食品中。

不論是曝露在這些物質當中的劑量、頻率、攝取途徑還是持續時間，或是健康、遺傳與其他生活習慣等因素，都會影響到每個人面對這些物質時所面臨的風險高低。目前關於這些物質有害的證據，通常來自曝露於受到物質汙染環境的極高劑量。有些動物實驗使用非常高的劑量，並且不見得每次都考慮到物種差異於人類健康的實際影響。另外，這些資料也不適用於每一種 PFAS。有些 PFAS 雖然不容易分解，但因為分子當中缺少化學活性基團，因此一般認為這些物質在化學上不會發生反應。

食物中有多少含有這類化學物質？

該報告發現在英國測試的所有食物樣本中，有超過一半都驗出了 PFAS。這聽起來很嚇人，但其實大多數（98.8％）都遠低於英國法律允許的最高殘留量標準。法定標準的設定是以確保即使吃了多種有殘留的食物，曝露量也不會到達危險程度為前提進行，並且會以同樣的標準持續修訂。

有些人呼籲我們應該禁止含有 PFAS 的殺蟲劑，但由於 PFAS 的用途廣泛，因此不太可能完全從食品供應鏈上消失。另外還有一個重點，就是 PFAS 是非常多種不同化學物質的統稱，它們對人體的影響並不會都一樣。

要怎麼降低風險？

PFAS 也存在於烹飪產品和食品包裝當中，因此若是由於害怕 PFAS 而減少蔬果攝取，對健康也不會利大於弊，因為這些食物本身就含有許多必須營養素與有益健康的生物活性物質。事實上甚至還有證據指出，高纖維、高葉酸的飲食（都

以自來水清洗蔬果有助於移除農產品表面殘留的殺蟲劑。

常見於蔬果和五穀）可以降低身體吸收和累積 PFAS 的狀況。

如果能把新鮮農產品徹底清洗或去皮，就能移除不少表面的殺蟲劑。一般建議使用自來水沖洗。這不見得能將 PFAS 濃度降到零，因為它有疏水性，可能會從土壤直接吸收到農產品內部，但因為風險與劑量有關，其實不必強求一定要徹底消除所有的 PFAS。

採用多樣化的飲食也有好處。比較多元的菜單不只能提供更多元的營養素，還可以分散風險。

有機農產品的 PFAS 會比較少嗎？

有機農業避免使用人工殺蟲劑，可以降低驗出殘留的機會，但不代表有機產品就真的沒有 PFAS。有機食品仍會驗出 PFAS，主要是從土壤和水吸收而來。盡量挑選本地生產的當季農產品，有助於降低殺蟲劑的使用需求，因為這些食品可以在本地條件下生長得很好。

我們需要擔心這件事嗎？

整個世界，尤其是我們的食物鏈，一直充滿著風險，但只有在風險高到一定程度與特定狀況下才會真的造成危險，並非所有曝露在這種風險當中的行為都值得擔心。我們必須持續研究 PFAS 和其他可能會對人體健康造成風險的化學物質，也必須持續尋找餵飽全球人口的其他方法。不要煽動不必要的恐慌，也不要以偏概全，以免在做食品相關決策時傷害到自己。

近期消除人類糧食短缺的最佳解為何？

聯合國設立的永續發展目標（Sustainable Development Goals）之一就是在2030年前消除飢餓，創造一個沒有人餓肚子的世界。這個問題的最佳解（雖然有點令人頭皮發麻）正是昆蟲。將來糧食和作物的產量可能會因為氣候變遷的威脅而降低，但昆蟲則是穩定且豐富的營養素來源，且蛋白質含量高，飼養時對環境造成的衝擊也較低。因此，科學家不但正在尋找飼養昆蟲的最佳方式，也試著將昆蟲作為家畜（圖中昆蟲的用途）和人類的食物推銷出去。

義大利杜林大學的學者正在繁殖黑水虻（*Hermetia illucens*），測試昆蟲飲食對單胃動物（如家禽、豬隻和人類）是否為良好的營養來源。

蘿拉．加斯克教授（Laura Gasco）將手伸進飼養箱，蒐集黑水虻的卵，準備繁殖另一批昆蟲。

市售的研磨咖啡粉裡真的有磨碎的蟑螂嗎？

誰都不能百分之百確定你買的咖啡粉裡面沒有任何蟑螂的成分，但沒有實際證據能證明有這類大規模的汙染，這說法很可能只是都市傳說。而且退一步來講，蟑螂其實是豐富的營養素，含有鈣、鎂、鐵等。

美國食品藥物管理局（FDA）容許食品內有低含量的天然汙染物，其中包含昆蟲。FDA 手冊告訴製造商，如果平均一成以上的生咖啡豆「被昆蟲感染或破壞」時，需要「採取行動」。這些有問題的咖啡豆在烘焙之前，應該很容易被發現、移除才對。

不過對咖啡農而言，蟑螂不是什麼大問題，他們更加擔心的是咖啡果小蠹（*Hypothenemus hampei*）會造成大規模的災情。雌蟲會鑽進咖啡果實，並產卵在種子（咖啡豆）裡面。之後幼蟲孵化，就會把豆子吃掉。

昆蟲界只有咖啡果小蠹能夠單靠咖啡豆生存而不被咖啡因毒害，因為牠消化道內有解毒的細菌。有份 FDA 文件便淡然地表示，「昆蟲的幼蟲、蛹、成蟲及屍骸，包含排泄物和脫皮，都可能在咖啡中發現。」另一個常見的害蟲是長角象鼻蟲（coffee-bean weevil），會在溫暖潮濕地區儲放的咖啡豆中出沒。咖啡果小蠹和長角象鼻蟲對於咖啡豆的表面及內部，都會造成難以估計的損害。

FDA 指引文件提供了方法來「修復」感染或損害的咖啡豆：將咖啡豆外面的昆蟲簡單地用篩網排除或吹掉後，再來處理這些豆子。如果你覺得有些噁心，最好的解決辦法就是去買未加工的咖啡豆，仔細檢查後自己研磨。

如果還是會擔心蟑螂，那麼注意一下咖啡機周圍溫熱、潮濕而陰暗的空間。有個蟲害防治的網站上如此寫道，「如果你發現一隻蟑螂在咖啡機底下或附近爬行，很可能還有更多隻。」

提升咖啡滋味的小技巧？

許多方法和機器都宣稱可以提升咖啡的滋味，如今有科學家發現一個只要多加幾滴水的小技巧。

研磨咖啡豆的時候灑一點水，可以提升咖啡的滋味。

研磨咖啡豆的過程會製造摩擦力，而摩擦力會產生靜電導致咖啡顆粒黏在一起。最近有科學家提出增加咖啡豆的內部濕度可以減少靜電，依據他們發表在期刊《物質》（*Matter*）上的報告所示，這麼做可以得到品質更加穩定、也更加濃郁的義式濃縮咖啡，至於提升濕度的方式則是在磨咖啡豆之前灑一點水即可，就是這麼簡單。

「在研磨時加水的實際核心效益是可以製作出更緻密的咖啡粉餅，因為減少了結成團塊的咖啡粉。」美國奧勒岡大學計算材料化學家，同時也是研究報告的資深作者克里斯多夫．亨頓博士（Christopher Hendon）說，「雖然主要是解決義式濃縮咖啡的問題，不過一些將水淋在咖啡粉上的沖泡法，例如採用摩卡壺或過濾系統，應該也可以從中看到良效。至於將咖啡整個泡在水中的方式，例如使用法式濾壓壺，則沒有正面影響。」

有一名火山學家參與了這項計畫，因為火山爆發時噴發出來的岩漿會分解成細小的粒子，這些粒子會彼此摩擦導致出現閃電，而研磨咖啡豆產生靜電的過程與這個現象極為相似。

什麼是生日效應？

當自己最特別的一天接近時，我們常常不知道自己應該慶祝又過了富有智慧的一年，還是應該感嘆時間過得真快。但「生日效應」（birthday effect）又為這個行之有年的慶祝活動帶來了一點有趣的變化。

生日效應指的是一種統計學上的現象（以及一種很能破壞派對氣氛的話題），人在生日當天與前後這段期間，死亡的機率會比平常高。已經有許多研究證實這個有點灰色的發現，一份 2012 年瑞士的研究發現，60 歲以上的人在生日當天走完人生的機率，比其他的日子高出 13.8%。美國 2015 年也有一份類似的研究，認為死在生日當天的機率比平常高了 6.7%。

那麼，為何會有這麼奇特的現象呢？以下是幾種理論：首先，生日往往會盛大慶祝，接著就過度飲酒。這可能會增加高風險的行為和不理想的決策，造成更多意外與酒駕。

對於已經進入疾病末期的人而言，生日也是個重大里程碑。有一種理論認為，他們會用盡全身的力氣，讓蛋糕上多一支蠟燭，然後才撒手人寰。

生日也可能會讓人反省自己的人生，有時會造成「生日憂鬱症」，其特徵就是悲傷與憂鬱。這種感覺常常來自沒能完成的期待、對自己變老的反省、孤獨和壓力。不幸的是，這樣的感情有可能會嚴重到足以讓人自殺，就像 2016 年日本的一份研究指出，人在生日當天自殺的機率比其他日子高 50%。

還有一種可能是死亡證明書裡的資料不正確，有些人的生日和死亡日期可能會被誤寫為同一天，但這樣的案例不太可能大幅影響統計到足以產生這麼明確結果的程度。

生日效應是個很複雜的現象，其原理我們還沒完全理解，可能前面提到的各種因素都有影響，甚至可能還有更多因素。所以下次你的生日快要到的時候，就放心吹蠟燭吧，但或許可以少喝幾杯酒。

為什麼照片裡的我和鏡子裡的我看起來差這麼多？

照片可以從各個角度拍攝，有些可能會顯得比較難看，同時它也能拍攝到更豐富的情緒。相較之下，你通常會在鏡子裡看到自己的正面，並且沒有表情、或是只有擺出來的表情。

但還不只如此。大多數人的臉其實意外地不對稱，可能是鼻子的弧度、頭髮分叉、臉頰上有痣，或是什麼其他特徵。照鏡子的時候，這些左右不對稱的地方會反過來，使鏡中的影像和照片變得不一樣。自拍照的扭曲效果最明顯，包括會讓你的鼻子和臉顯得更長。

重點是，你習慣的影像是鏡子裡的影像，大多數人一天會照鏡子好幾次，包括在刷牙、刮鬍子與洗手的時候。因此我們習慣的是這種左右顛倒的影像，我們也會認為自己本來就長這樣。接下來，這個認知又會遇到所謂的單純曝光效應（mere exposure effect），也就是我們傾向於喜歡自己熟悉的東西。這點可能會影響到你對自己鏡中的外觀與照片分別有什麼感覺。鏡中和你對看的自己或許不完美，但至少那是你習慣的樣子。

最近有一項研究，使用一款「非反轉鏡」（模擬你在照片中的樣子），並與一面正常的鏡子比較，以便測試一群考慮做整形手術的人對自己的外表有什麼看法。

美國克里夫蘭臨床基金會的研究人員發現，病患在使用一般的鏡子時，會比使用非反轉鏡時更滿意自己的外貌。這個發現的價值在於，整形手術通常是用病患的照片來討論外貌，而照片往往會讓本人對自己的外貌更不滿意，進而促成規模更大的手術。

應該禁止兒童使用 TikTok、Facebook 和 YouTube 嗎？

政治人物宣稱社群媒體 app 對小朋友會造成不可修復的傷害，科學卻不這麼認為。那麼，怎樣做才能最有效地保護兒童的心理健康？

過去 20 年來，世界各地的政治人物所想出來的答案，似乎就是禁止兒童使用社群媒體。這樣的說法近來在英國又復

16 歲的布里安娜・格黑於 2023 年 2 月遇害，
促使有人呼籲禁止兒童使用社群媒體。

甦了，這也不難想像，因為這個思潮的復興，正好就發生在年僅 16 歲的布里安娜・格黑（Brianna Ghey）被謀殺、媒體發現這群十幾歲的兇手經常使用社群媒體 app 上傳暴力影片之後。

保守黨議員米利安・凱特斯（Miriam Cates）主張，這樣的犯罪證明此類 app 對兒童與青少年的安全與福祉「構成重大威脅」。我們第一眼似乎很容易就會同意凱特斯的說法。以父母的立場，總是希望孩子安全。同時還有多年來的新聞頭條，認為社群媒體就是兒童心理健康問題的成因。問題是，目前最佳的科學證據並不支持這樣的說法。

有證據認為社群媒體有害兒童心理健康嗎？

社群媒體問世已經有一段時間了，大多數使用者與它互動的方式，都能帶來許多好處。今天的年輕人會利用社群媒體與別人聯絡，或是用來培養興趣。若是有悲劇發生（例如謀殺案），他們也能用社群媒體對受到影響的人表達支持。

我們手邊最好的證據，傾向於認為社群媒體並不會影響年輕人的生活滿意度。事實上，有一份在18年間於168個國家收集資料的世界心理健康調查，認為網路的問世與年輕人的心理健康沒有因果關係。這些資料的分析結果認為，兒童的生活品質有99.6%與花在使用數位裝置的時間無關。顯然，如果有一個人的年齡介於10到20歲之間，他就會在生活滿意度下降時使用更多社群媒體。

但反過來說卻不見得如此：在大多數調查的群體中，兒童花在社群媒體上的時間增加，並不會使其生活滿意度下降。基本上科學家只找到非常有限的真實證據，認為社群媒體會「造成」兒童發生心理健康問題。如果沒有因果關係，那麼就沒有禁止的道理。

大多數兒童是否都已經社群媒體上癮了呢？

「上癮」本身就是個不公正的詞，尤其是在和智慧型手機有關的議題上，已經忽略了壞習慣與一個真正可能有害的物品之間的差異。如果只是花很多時間在一個東西上就稱為「上癮」，那你是不是也可能對你的床、你的車，甚至是你的朋友上癮了呢？

這就是2021年一個相當創新（以及幽默諷刺）的研究所得到的結論。研究人員拿了一套用來分辨一個人是否有賭博成癮問題的問卷，然後把問卷中的「賭博」改成「朋友」。所以這些問題可能會像這樣：你是否常常花時間和朋友待在一起，以便忘記你個人的問題？你是否即使沒有和朋友待在一起，也一直想著朋友？你是否曾經拋下家人，以便和朋友在一起？

如果以上三個的問題你都回答「是」，那你和參與研究的大多數人一樣，都有研究人員諷刺地稱作「線下朋友成癮」的問題（他們很快就澄清這個概念純屬諷刺）。社群媒體也許會讓兒童養成一些壞習慣，但這和真正足以改變人生的成癮問題並不一樣。

禁止社群媒體的規定可行嗎？

我們很難找到方法禁止兒童使用社群媒體，又不產生以下

若是以正確的方式（由家長提供指導和支援）使用，
社群媒體可以對兒童帶來好處。

問題：第一、違反現行法規，第二、使這樣的規定產生道德上的瑕疵。

首先，根據《聯合國兒童權利公約》，每個兒童都有以自己想要的方式遊戲的權利，包括使用社群媒體。我們還沒討論到禁止社群媒體會怎麼影響到兒童的言論自由，同時也沒辦法評估這樣的禁令到底有沒有用，就像南韓失敗的「灰姑娘法案」一樣。

2011 年，南韓國會開始擔心兒童使用社群媒體和線上遊戲的問題，便以擔憂兒童的心理健康、睡眠品質和學業表現為由，禁止他們從每天午夜到第二天早上六點之間使用網路。這個禁令存在了 10 年，結果也漸漸浮現：沒什麼用。兒童的網路使用時間幾乎沒有減少，平均每天晚上只多睡兩分鐘，考試成績也沒有改善。

兒童使用螢幕有沒有比較健康的方法？

身為家長，指導孩子生活中從事的所有活動是很重要的。我們不能買一輛腳踏車給小朋友，然後讓他自己在繁忙的街道上學怎麼騎。社群媒體也一樣，家長應該協助孩子自主管理行為，幫他們準備好長大。社群媒體和螢幕媒體在他們長大之後仍會存在，因此他們必須擁有相關技能，以便在未來管理自己使用這些東西的狀況。

不幸的是，人性的醜惡面永遠都會存在，把孩子的頭埋進沙子裡也不會解決問題。

為什麼在浴室唱歌那麼好聽？

當你在房間裡唱歌的時候，聲音會在牆壁之間反射形成回音。每次從牆面反彈時，音波都會喪失一些能量，因而變得小聲一些。

浴室有很多磁磚與其他堅硬平整的表面，這是為了方便清潔。但這樣的設計也碰巧使聲音能非常有效率地反射，因此聲音在浴室裡迴盪的效果，會比在大多數其他房間裡來得好。舉例來說，臥室裡有柔軟的家具、窗簾和地毯，這些都會吸收一些聲音，其多孔的材料在每次反射聲音時就會吸收掉很多能量。

在浴室中強力反射過的聲音能讓你的歌聲變大聲，使你聽起來像是更厲害的歌手。實驗證明，比較大聲的音樂會具有比較強的情感效果。但如果你常常在浴室裡唱歌，你可能會注意到有些音比其他音更好聽。這是因為某幾個音會與浴室的共振頻率相同，因此被放大的程度更強；這指的是房間內空氣的共振，而不是牆壁材料的。

而浴室的反例、充滿柔軟材質的臥室加強版，就是隔音室。這種房間的每個牆面都貼滿吸音棉所做成的楔狀結構，確保聲音不會反射。在這裡唱歌會很辛苦，你的歌聲聽起來會很悶、很遠。另外，歌聲裡的每個微小的缺陷都能聽得很清楚，因為沒有別的聲音可以蓋過這些特徵。

在浴室裡，聲音的反射會讓聲音持續更久。這會造成一種模糊感，讓音符與音符之間的轉換變得更平順，有助於蓋過任何歌聲中的瑕疵，讓你聽起來比實際上更會唱歌。

哪種音樂最能提高生產力？

許多研究試著要解開在工作場合中播放音樂是否有所幫助的問題。共識似乎是肯定的：音樂有幫助，不過取決於哪種工作，以及哪種音樂。

一份研究中，成衣廠的機械作業員在聽輕鬆的音樂時，生產力變差，研究人員建議改聽節奏快的音樂。在另一份研究中，外科醫生聽古典音樂時動手術更加迅速也更準確。在這些案例中，研究人員建議不要聽節奏較快或音量較大的音樂，因為會分散注意力。

不管你是在縫合衣服下擺，或是心臟，有些科學家認為有歌詞的音樂會對工作任務需要的注意力產生負面影響。但若聆聽沒有歌詞的歌或古典音調都會讓你心煩，你的生產力可能就不會很高，所以這也取決於你的品味。

人格類型也是研究主題，2021 年的研究顯示背景音樂對於外向者的幫助比內向者更大，在需要精細動作技巧的工作上更能增進生產力。

最近的研究則在工作音樂的「情緒使用」與表現的關係，基本上，如果你的心情變好，你的工作也會變好，那麼最好就播放會讓你覺得快樂的音樂。不過有趣的是，同樣在 2023

年的研究中，調查了 244 個在工作場合聽音樂的人，發現音樂對於認知效果（思考），以及在環境中播放時沒有任何好處。

但是如果你只是想要一份歌單，Spotify 裡與工作有關的曲目前三名為 Train 的〈Drops of Jupiter〉、Fleetwood Mac 的〈Dreams〉、Journey 的〈Don't Stop Believin'〉。

為何天氣冷時電池容易沒電？

鋰離子電池這種充電電池不喜歡冷天。它們含有液態的電解質（通常是鋰鹽溶液），能夠在正負極之間轉移離子。氣溫低時，離子移動會變慢，無法適當的插入電極之間，因此電池在耗盡之前無法製造夠多電流。如果太多鋰沉澱在電極上，會造成短路甚至起火。

幸好，現代電池與充電器很聰明，能夠監控電池內部情況，避免發生這些狀況。有些電動交通工具會預熱電池，確保最佳的工作溫度。

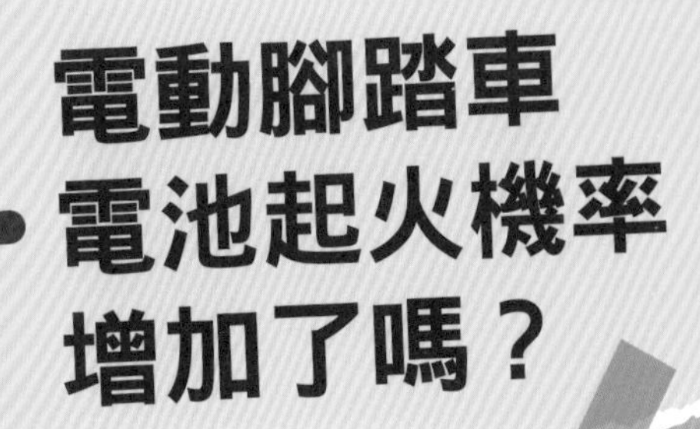

電動腳踏車電池起火機率增加了嗎？

英國政府近期向大眾和業界徵求意見，問題是關於是否要將境內販售的電動腳踏車輸出功率從 250 瓦提高至 500 瓦。該提議引發了防火安全界的關注。

目前用於電動腳踏車的電池有很多種，但在商業用途上主要是鋰離子電池。它們是由獨立電池（可能呈圓柱形或長方體）組成的電池組，相互連結在一起以提供腳踏車需要的電力和動力。

雖然電動腳踏車和電動機車是市民絕佳的代步工具，藉由輸出功率更大的電池，就能移動更遠、承載更多重量。不過，電池如果受損或故障則可能引起猛烈火勢、引發難以控制的災害，而有關鋰離子電池起火的事件正日益增加。

倫敦消防隊指出，鋰離子電池起火是英國首都成長最快的火災種類。跟 2022 年比起來，2023 年電池起火事件大增 78%，共接獲 155 起電動腳踏車和 28 起電動機車起火事件。

近日《衛報》依據資訊公開法要求政府提供資料，資訊顯示截至 2023 年 5 月，故障的電動機車跟腳踏車引起的起火事件已造成英國至少 190 人受傷、八人死亡。負責管理英國首

2023 年，有四人死於美國紐約中國城的電動自行車行火災事件中。

都公車、火車和計程車的倫敦交通部也基於防範的考量，從 2021 年 12 月起下令將電動機車從大眾交通系統中移除。

究竟起火原因為何？鋰離子電池包含易燃性物質和反應性材料，在外力撞擊或過度充電的情況下，這些物質相互反應產生熱能，伴隨異常的電氣表現和反應頻率增加，進而造成電池破裂，釋放氣體和火花，最後起火甚至爆炸。基於本身的電化學反應，電動腳踏車電池一旦起火將很難撲滅。

而電池的瓦數會因為改成較高的電壓系統而翻倍。輸出功率增加能縮短電動腳踏車加速的時間，提升最高速度還有爬坡的能力。然而在理論上，提升輸出功率不一定會增加電池起火的機會，但是它會形成更大的電池組，加劇電池起火的嚴重性或其他傷害的機會。

鋰離子電池起火的原因有很多種，其中最大的風險則是使用非大眾品牌的產品。例如，多數高檔的電動腳踏車都配有電池管理系統（BMS）以防止電池過度充電或放電。這些保護電路迴圈旨在避免電池組過熱或著火。但是較便宜的小眾電池品牌可能未配有電池管理系統，導致電池可能過度放電（進而之後無法完全充飽）或因過度充電而產生爆炸的可能性。電池掉落在堅硬的表面或受到嚴重外力撞擊時也可能導致內在物理性或機械性的損壞，引發故障和起火。

不論輸出功率為何，充電或存放和保養電池時，都要遵守製造商的指示。如果遇到任何問題或電池出現損壞情形，就直接連絡製造商。如果有遵守保固期限規定，多數公司應該會協助更換有瑕疵的電池。

如何避免電池起火

- 不要貿然打開、修繕或對電池動手腳。
- 在電池建議的充電區間充電。
- 不要在床、沙發或地毯等可燃或絕緣的表面上充電，並遠離衣服和紙等易燃物。
- 將電池存放在乾淨、乾燥和有溫控的環境，不要將電池放在暖氣機上面、附近或陽光直射的地方。
- 確保裝置或電池存放的地方設有煙霧或溫度偵測器。
- 小心處理電池組，避免電池觸碰到尖銳物或承受巨大外力。
- 將損壞的電池丟棄在專用垃圾桶裡。

網路瀏覽器的無痕模式有多無痕？

沒有很無痕。

當你開啟隱私模式或打開無痕瀏覽器視窗時，就像是在從頭使用一台新電腦。不會有 cookie 來輔助瀏覽器，所以你必須重新輸入資料來登入網站。完成後，瀏覽器便會刪除新的 cookie 和暫存快取檔案，也不會保留活動歷史紀錄。就電腦而言，除了你下載的檔案或儲存的書籤外，系統中不會留下任何瀏覽紀錄。

但事實上，電腦要連接到網路，就必須經由使用者的路由器，路由器則可以監控你存取的所有網址。無論使用者是否有打開瀏覽器隱私模式，都是這樣的。

就算使用無痕模式，你也還是會在整個網路上留下數位足跡。也許 cookie 事後會被刪除，但在你瀏覽時，各個網站仍會開心地將你的活動資訊儲存下來。只要在私人模式下登入任何網站，活動就會「曝光」。網站會識別你的身分，所有活動都會照常被追蹤。你的搜尋歷程，連同在任何社交媒體網站上的瀏覽活動都會被記錄下來，購買資訊也會被儲存。你的活動可經由臨時 cookie 連接到多個帳號和個人資料，系統就能收集更多關於你的資料。

於是你決定不要登入任何網站。但電腦的 IP 位址仍會被追蹤到，用來定位你的大致區域。這是一種銷售方法，用於確定匿名的潛在買家是否一直在點擊瀏覽各種商品。追蹤到 IP 位址後，就能傳送帶有誘人價格的電子郵件，試圖將購買興趣轉變為一筆交易。

只要能結合 IP 地址、裝置類型和瀏覽器詳細資料，就能查出你是誰，無論你是否提供姓名。有些瀏覽器正在設法阻止這點，但網站總是會持續想方設法追蹤你。

事實上拒絕 cookie 隱私會更沒保障？

接受或拒絕？當中其實藏有玄機。

有新研究顯示，造訪新網站時如果點選「拒絕所有 cookie」，你所顯露的個人訊息也許比你所想的還要多。

Cookie 是為了各種目的而儲存在你的裝置裡的資料片段，例如為了記住你的登入資訊等。Cookie 也可以用來追蹤你在網路上的行為，使廣告公司能夠針對你的習性投放適合的廣告。許多人不喜歡這樣，也許是因為他們希望個人資訊能夠保密，或是不希望商家藉此向他們推銷商品。

然而在 2023 NeurIPS（於 2023 年 12 月舉辦的 AI 研討會）上發布的新研究顯示，某些特定族群會比其他人更常拒絕 cookie，而廣告商對這一點也非常清楚。所以拒絕 cookie 的人也許終究無法真正保護資訊隱私。

拒絕 cookie 的行為往往與年齡和所在地有關，如果你住在美國而且超過 34 歲，那麼你可能就是拒絕 cookie 的其中一人。如果你點選「全部拒絕」，演算法會假定你屬於這個族群，接著採用「協同過濾」方式挑選適合你的內容，也就是網站會記下這個族群中的使用者曾經搜尋哪些資訊，並將同樣的資訊提供給你。

研究論文作者之一 IBM 研究技師伊莉莎白・戴利博士（Elizabeth Daly）表示，「廣告商也許從一名接受 cookie 的使用者取得五項資訊，而從拒絕 cookie 的使用者只取得兩項資訊（他們目前所在的網站，以及他們拒絕 cookie），然而這個決定其實隱含著更多的訊息。」

研究團隊相信這個族群之所以比較可能拒絕 cookie，是因為年紀較長的人比較不信任科技公司。事實上，年紀較長的美國人只有 28%表示會接受 cookie，較年輕的美國群眾（不到 34 歲）則有 40%通常會接受 cookie。

此外，美國並不像歐盟一樣具有完善的資料保護法，所以美國使用者也許會意識到他們的資訊並沒有受到嚴密保護。全球最高 cookie 接受率的國家為波蘭，有 64%的使用者通常會點選「接受所有 cookie」。

研究論文的作者群希望將來決策者在為 AI 等新科技制定管理規則時，這些研究結果能夠幫得上忙。

提高指認嫌疑犯正確率的互動式影像技術？

有一群心理學家指出，執法機關讓證人指認嫌疑犯的現行程序無法有效辨別出真正的犯人。而他們創建的全新互動式技術，能大幅提高指認的正確率。

目前的方式大多是讓證人從幾張照片中選出可能的嫌疑犯，但英國伯明罕大學研究人員的這項新科技，則是直接讓證人在螢幕上「拼湊」出可疑人士的臉部圖像，這樣證人模擬出來的嫌犯長相，會是案發時，他實際看到犯人的那個角度的長相。

相較於常見的照片指認方法，研究人員發現這項互動式的技術將證人指認的正確率上升了 42%；即便跟一系列影片（有記錄到被指認對象的左右側面）的指認方法相比，新技術的正確率也提高了 20%。

心理學家海瑟・佛洛教授（Heather Flowe）已在這項專案投入了九年之久，「我們必須更努力讓罪犯被成功指認出來，降低無辜之人被選到的機率。」

據佛洛說，英美警察機關現行使用的指認方法成效不彰，且往往有錯認之虞。美國甚至沒有要求指認對象的相片需要

更有效地捉捕罪犯

「在很多案件中，我們都沒有設想證人實際上是怎麼見到嫌犯的。」佛洛說。佛洛近日寫了一篇文章，探討美國連續殺人犯泰德·邦迪（Ted Bundy）的連續謀殺案。有一名逃脫的生還者在案發時曾看到邦迪的側臉，但事後需要從一些正臉的照片中指認出邦迪。而邦迪的辯護團隊則質疑這名被害人指認的有效性，堅稱她指認的照片完全是因為被報紙上的照片所影響的。佛洛認為，「我們應該展示出證人實際看到的樣子。」

一致，相片可以是駕照上面的大頭照，也可以是身著囚服的人犯照。「證人會看到混亂的照片大雜燴。」佛洛說，「這樣並不牢靠。」

佛洛也認為，實務上的指認方式沒有辦法成功喚起證人的記憶，而她的團隊正努力研究這種回想的機制。目前研發出來的技術已經能讓證人以互動方式調整嫌犯的圖像，但她的團隊不滿足於此，正在測試加入動態的臉部動作、情緒表達、光線變化或口罩等配件。研究人員相信證人若能調整更多條件，也能更精確地指認嫌犯的圖像。佛洛的團隊也正與英美的警察單位協商，嘗試將這項技術運用在實務上。

「我很高興能跟警方合作。」佛洛說道，「他們還在用照片來指認嫌犯，而這個好機會能讓執法人員開始使用更好的科技、更棒的方法。」

以 AI 協助伸張正義

佛洛希望科技的演進能使靜態的正臉指認照片（例如美國會使用的駕照大頭照）更栩栩如生。佛洛的下個研究計畫，是要調查指認對象臉上不同的表情會對證人指認時造成什麼影響。研究團隊已經獲得補助，將與德國馬克斯普朗克研究所、加拿大維多利亞大學及英國斯特靈大學進行合作。

這項研究會使用到 AI，研究團隊想試著讓 AI 將一批指認對象的臉部表情製造出逼真的變化。不過佛洛也承認其中隱藏著風險，比如 AI 可能無法如實地創建出對象的情緒表現。未來，AI 甚至可能應用於重建現場，將嫌疑犯與所有相關的證據一同重現在模擬的犯罪現場中。

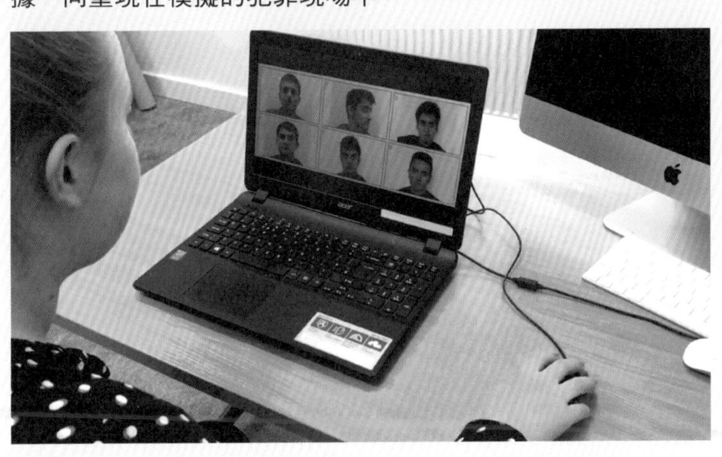

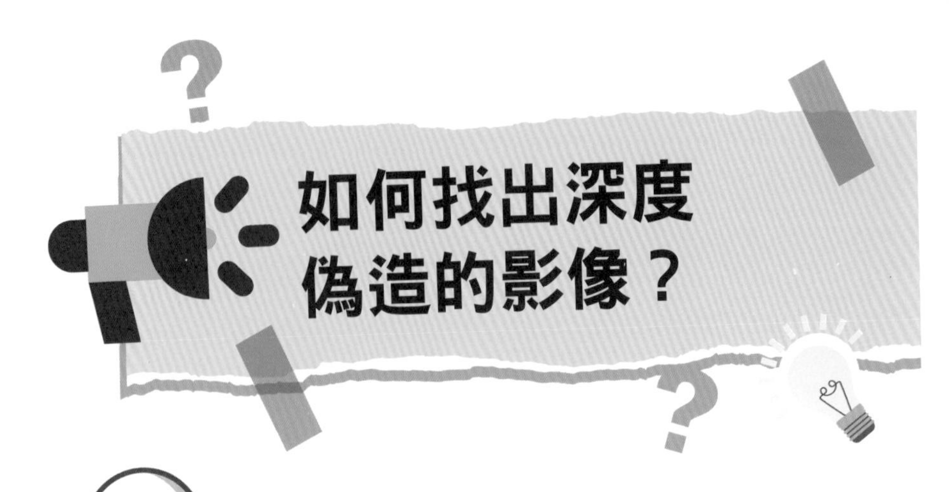

如何找出深度偽造的影像？

生成式 AI 通常都是大型多模型的「深度」神經網路，並以大量影像、影片配合文字做過訓練。只要描述想要的圖片給受過訓練的模型，它就能產生符合描述的影像。像是 DALL-E 2 或 Midjourney 等生成式 AI 可以產生幾乎完全不限主題、品質優異的新影像，並採用使用者指定的風格，包括寫實照片或卡通風格都可以。

將生成式 AI 的能力與其他自動偵測影音內登場人物的 AI 能力結合之後，我們就等於擁有了特效師的能力：可以把一個人的臉或身體換掉，而且幾乎不留痕跡。如果再用另一種生成式 AI 來重現聲音，就可以從頭假造照片和影片，看起來、聽起來都像某個人做了某件他其實沒做過的事，甚至是把人整個刪除，只留下背景。

生成式 AI 科技很厲害，但最早期的應用充滿細微且足以露出馬腳的錯誤。仔細看，尤其是不尋常的物體，例如有手或樹枝穿過一張臉等，這樣或許就能發現那張臉有何不對勁。尋找和其他地方不一樣的顏色、陰影或背景，以及不可能或奇怪的東西，例如和樹融合的怪異手腳，或甚至是某個人有太多隻手。

許多此類會露出馬腳的地方，都正在隨著科技進步而消失。這是影像編輯軟體進步所帶來的一個不幸的副作用：軟體越優良，人們就越容易用來製作難以察覺的假資訊與深度偽造（deepfake）。製作此類軟體的公司 Adobe 也正在想辦法做出內容認證機制，希望未來我們可以區分真的與假的東西。但願他們能成功吧。

AI 對電影產業的改變將有多大？

打從電影問世開始，電影從業者就開始實驗特效。最早和最簡單的特效是把攝影機停下來，將演員換成人偶，接著開啟攝影機，讓螢幕上的角色接受最不幸的命運。

從此，技法越來越成熟，動畫、模型以及人偶讓螢幕上的怪物與太空船栩栩如生，之後的電腦繪圖可以製作更真實、更複雜的視覺效果。然而，製作電影等級的特效需要很多人力與金錢，但在 AI 問世以後，一切都不同了。

DALL. E、Midjourney、Firefly 等 AI 首先以靜態圖像展現利用文字敘述產生驚人的效果：輸入一隻貓咪在兩座摩天大樓之間的繩索上跳踢踏舞，一瞬間就能夠得到一張和這敘述一模一樣的圖像。但是新的 AI 工具也能夠快速編輯圖像與影片，讓你可以變換角色的衣著，不需要重新拍攝，能去除背景裡面你不喜歡的事物，甚至是改變演員的表情或年齡。

AI 複製，也就是「深偽」技術能產生逼真的人像，完美模仿真實的演員，或是製造完全虛擬，但是充滿說服力的角色，動作跟聲音都很到位。

最近，OpenAI 的 Sora 以及 Google DeepMind 的 Lumiere 展現出產生數秒驚人影片的能力，而且能滿足各種要求。我們能否用電腦繪圖達到相同的效果？可以，只要你不介意讓技術高超的電腦繪圖員花好幾個月或好幾年工作。

AI 的差異在於時間與成本。有了 AI，就可以馬上生成電影等級的特效。任何人都可以使用 AI 來製作並編輯素材，創作完全由電腦生成的電影。如果製作電影的工作是能夠被完全控制的虛擬實體，誰還需要演員呢？

編劇與演員在 2023 年發動了 148 天的罷工，訴求之一即是反對在電影和電視產業中使用生成式 AI。因此，AI 暫時還

不會掌控產業。不過他們反對的主因不止是 AI 讓技術人員失去工作，其中一個理由為 AI 是使用既存的內容來訓練，版權所有人必定不會樂於讓 AI 使用他們的內容做為訓練資料。但以創意來說，用這些資料訓練，就意味著 AI 在本質上無法生成原創或是新鮮的內容。

有鑑於此，AI 對於電影產業的長期影響尚很難下定論。但是不久的將來，或許特效也不再那麼「特別」了。當任何視覺元素都可以輕易且廉價地製作出來，就很難像過去一樣，用驚人視覺特效當作電影的賣點。

此外，對於訓練的限制也就代表無法把 AI 生成的結果不經過任何編輯就直接端上檯面，因為會有很明顯的古怪之處。但是只要適當的使用，AI 就像另一種後製工具，也許可以重拾雋永電影最重要的要素：演員的精湛表演、細緻的美麗場景，以及引人入勝的情節。

造假政治

OpenAI 執行長山姆．阿特曼（Sam Altman）先前即提醒美國國會，AI 可能會給政治帶來不少風險。而隨著政治深偽影音圖像增加，生成式 AI 製造假資訊的能力也越令人擔憂。

AI 能做出打動人心的音樂嗎？

你可能不覺得有能力做出音樂的 AI 會毀滅自由意志，但有些人是這麼想的。尤其是 2019 年來到墨西哥市坎托拉音樂廳來聽〈舒伯特未完成交響曲 AI 完成版〉拉丁美洲首次公演的人。

那時澳洲墨爾本大學墨爾本深度學習團隊首席作曲家魯卡斯．坎托（Lucas Cantor）和他父親坐在觀眾席看著指揮帶領交響樂團表演坎托所寫的曲子……算是這樣吧。在法蘭茲．舒伯特（FranzSchubert）於 1828 年過世前，他寫了一部交響曲一半的樂章，然後就停筆了。超過 190 年後，坎托用一組 AI 產生的旋律「完成」了這首交響曲。過程滿容易的，坎托和他的團隊用舒伯特的旋律來訓練 AI，然後叫它產生全新但聽起來像訓練資料的旋律，然後用一些自創的想法把這些旋律串在一起，最後再請交響樂團表演。

隨著交響樂團演奏完舒伯特的原作、進入坎托和 AI 寫的新譜，聽眾的情緒漸漸從讚嘆轉變成憤慨與恐懼，他們似乎很害怕去想像 AI 或許可以做出有情感的交響樂。聽眾的想法是這樣的：AI 做出有情感的音樂，可以用一種小而深刻的方式影響成千上萬人的情緒，就像人類作曲家。

這件事的影響很難小看。如果 20 世紀眾多的群眾煽動專家給了我們什麼教訓，那應該就是只要有一個人能大規模地操控他人的情緒，他就能讓一大群人犯下難以言喻的滔天大罪。想像一下這樣的能力被大規模運用，還加上了 AI 如機械般的精準度，並且運用在比用音樂操縱情感更廣泛的層面。

考慮到以上幾點，坎托也明白大家對這種音樂的反應為什麼這麼冷淡，可是接著怪事就發生了。廳內的氣氛慢慢改變，到最終樂章時，聽眾的情緒已經從憤慨轉變成驚嘆。他們仔細聽著每個樂句，可以感覺到他們每次聽到假的終曲時

英格蘭錄音交響樂團正在英國倫敦的卡朵甘音樂廳表演〈舒伯特未完成交響曲 AI 完成版〉。

的驚訝，直到最後的和弦轉為沉默時，聽眾才終於屏息著感受交響曲的結束。

不論正面或負面，大家對 AI 初次寫出的交響曲反應都很強烈。坎托認為最主要的原因，是因為即使大多數人都不相信 AI 能做出好聽的曲子，他們都至少有部分覺得這首未完成交響曲很好聽。

當聽眾喜歡一首曲子，代表它具有聽眾可以與之產生共鳴的元素，而這是具有共同情緒的一個跡象。可是當曲子是由 AI 寫出來的，聽眾是和誰擁有相同的情緒呢？目前的 AI 都是沒有情緒的，那麼一個沒有情緒的作曲家寫出來的音樂有什麼意義呢？有一種不怎麼令人滿意的答案，就是音樂本身沒有客觀上的意義。作曲者可以決定曲子聽起來是什麼樣子，但決定其意義的是聽眾。

接下來事情就越來越有趣了。我們賦予音樂的意義是很關乎情境的：取決於曲子與人生中的其他因素有些什麼關係。若是沒有情境，音樂就像一場沒有規則的比賽結果一樣：它當然是有人為意圖的作品，卻沒有明顯的效果。不論創作的方式如何，音樂都無法傳達給真空中的聽眾。

隨著 AI 持續發展，AI 音樂將會漸漸建立自己的情境，而在這樣的情境裡，它表達的情感並不會輸給其他音樂。它一定會和人類作的曲子不一樣，因為光是規則就已經不一樣了。它會把現有的音樂類別混合來創造出新的類別；它會把我們想不出可以合奏的樂器湊在一起。有些人甚至可能會比較喜歡 AI 音樂，而不是人做的音樂。

如果你相信 18 世紀的人類所寫出來的交響曲本身就具有情感價值、不需要情境，請留意你一輩子都聽了哪些音樂。

音樂的情境就是你這個人身分的一部分、社會的一部分。它對你具有情感價值，是因為你擁有這個情境，可以去欣賞它。

自從〈未完成交響曲〉公開後，坎托常被問到「那首曲子的情緒是誰加的？是你、是 AI，還是原本的作曲者？」答案是：你。是身為聽眾的你將音樂與自己的人生產生關聯，才讓曲子有了情緒。但這並不是聽眾想要問的問題。

有一個更深層的問題，現在大多數人都還不敢問：「我的情緒有單純到機器可以操縱嗎？」以坎托的經驗來說，有一天或許會成為可能。如果一個性能普通的 AI 在 2019 年就能讓墨西哥市的聽眾覺得憤慨、恐懼，甚至是有一點驚奇，或許有一天 AI 能帶給我們情緒生活的影響會超出我們願意承認的程度。

而如果 AI 真的可以操縱我們的情緒，哪怕只是一點點，它或許就有辦法以很輕微的方式這麼做，讓我們以為這些想法都是源於自己。可以操縱情緒的 AI 可能會在我們都不知道的狀況下搶走我們的自由意志，甚至這可能已經發生了。

AI 之眼

在 2024 巴黎奧運期間，AI 加強了攝影機能力。雖然臉部辨識被禁止，但 AI 監控能夠協助偵測大批人群中的棄置物品和可疑活動。

如何利用腦波來量身打造專屬歌單？

女神卡卡的〈Bad Romance〉（羅曼死）、碧昂絲的〈Crazy in Love〉（瘋狂愛戀）、愛黛兒的〈Rolling in the Deep〉（墜入深淵）等歌曲為何能風靡全球？

美國的一支研究團隊很可能找到了答案，他們研發了機器學習模型，利用人類神經反應數據預測新歌是否會爆紅，結

果發現準確率高達 97％。他們在受試者身上裝設感測器，要求 33 名受試者聆聽 24 首流行歌曲，同時監測他們的腦波反應。這個方法稱為「神經預測」（neuroforecasting），主要目標是記錄受試者感受到特定聲音、動作以及大腦中控管情緒和能量部位的神經活動。

資料收集完成後，團隊利用機器學習技術和電腦模型彙整受試者評價歌曲的神經生理反應。研究人員接著使用機器學習演算法找出背後原因。

「我們藉由 33 人的神經活動來預測數百萬人是否聽過新歌是件神奇的事，而且準確率從未這麼高過。」加州克萊蒙研究大學保羅・札克（Paul Zak）說。

研究人員認為，這項技術能幫助串流服務平台預測聽眾偏好的類型和風格。「這代表串流服務能夠以更有效率的方式向訂閱者推薦可能爆紅的新歌，能讓串流平台的服務更周到也讓訂閱者更滿意。」札克說明。

但此研究並非沒有缺陷，該研究只包含了少數的歌曲和風格，而且樣本數、族群多樣性和年齡層分布都非常小。然而，團隊相信這項技術能同樣運用在研究其他的藝術形式上。

記錄夢境的科技出現了嗎？

AI與讀取思想的儀器協作，正是我們要重現夢境所需要的科技。2023 年一篇著名的日本研究展示了這項方法的雛形：研究人員利用功能性磁振造影（fMRI）掃描儀來記錄受試者睡眠時的大腦活動，並使用機器學習來分辨大腦活動中認知到的物件，比如鑰匙、人物或椅子等。

然而，這篇研究聚焦在睡眠起初的兩個階段，也就是人類會體驗到視覺心像（幻覺）的時期；研究焦點完全不在會做夢的睡眠階段。會選擇這種研究方法，是因為能讓受試者醒來後馬上敘述他們所見到的事物。

為了重現夢境，我們需要有配合做夢的受試者，蒐集大量詳盡的 fMRI 資料來訓練大型 AI。這些受試者要能夠回想起夢境的詳盡內容，才能知道 AI 預測的準確性如何。這大概會是記錄夢境最困難的部分，而且很難確定這種資料有多可信。

不過相關領域已經有一些研究先例：研究人員讓受試者清醒地看著上千部影片、聽著文字的錄音檔並念出文字，從而累積了大量 fMRI 大腦活動的資料集。透過這些資料集訓練的 AI，已經可以讓我們預測出某個清醒的人是在看影片，或是在念文字。

假定再過幾年，我們蒐集夠多資料來訓練出強大的 AI，且掃描夢境的便攜 fMRI 機器能安靜到讓你好好入睡，那麼我們就會有一組方法來展示記錄夢境的成果。

Open AI 的 Sora 及 Google DeepMind 的 Lumiere 等生成式 AI 已經可以創造出如夢似幻的許多影片片段。讓夢境分析的 AI 以文字清晰地敘述夢境內容給生成式 AI，就可能得到某個人夢境片段的描繪影片。

不過要警告一聲：這些 AI 並不是真的讀取了你的思想，而是從夢境的大腦活動模式去配對 AI 之前看過的影像而已。此外，生成式 AI 不曉得它產出的影片跟你的夢境是否相似；它只是單純地把圖像串在一起，可能還會再搭配上簡陋的故事情節。

換句話說，即便生成結果詭譎地如夢境一般，或許也包含原始夢境的許多元素，但它不會是精確的重現，頂多就像湯姆・漢克斯（Tom Hanks）主演的電影《浩劫重生》（*Cast Away*）類似漁民荷西・薩爾瓦多・阿瓦倫加（José Salvador Alvarenga）的真實故事，一葉孤舟在太平洋上漂流了 14 個月之久。

AI 非常厲害、聰明到有些可怕，但它無法百分之百準確地看透人類的大腦。

掃地機器人怎麼知道要走哪裡？

早期的掃地機器人運作原理很簡單：它會隨機在房間裡橫衝直撞，每次碰到障礙物就改變方向，最後這樣隨機的掃除路線就會經過整片地板的每個地方。但現代的掃地機器人裝有許多感測器與電腦，比以前聰明多了。

光學雷達（LiDAR）是一種自動駕駛車也在使用的科技，這種裝置常用來偵測牆壁與障礙物，原理是將可見光譜以外的光線打到障礙物上，然後接收反射的光。有些掃地機器人則使用 VSLAM（視覺同步定位與地圖構建），這是一種處理相機所得影像的方法，可以讓電腦理解機器人周邊的狀況與其位置。

機器人也可能會使用超音波 ToF（飛行時間）感測器，運作方式和使用回音定位的蝙蝠很像。這種科技能讓機器人避開障礙物，或是偵測地面屬於硬地、軟地，或是已經到地面的邊緣了。

掃地機器人還裝有加速計以感測自己的動作，同時也有其他感測器確認車輪有沒有被纏住。最後還有吸力感測器，確認吸塵器部分的氣流順暢、集塵盒是否裝滿了。

上述資訊都會交由 AI 處理，讓它確認機器人的位置，在清掃的同時建立房間與家具的地圖。掃地機器人設計成會清掃每一塊地方，因此它會試著規劃出最有效率的路線，同時記得怎麼回到充電站。但它不會每次都能看到每一樣東西，而且我們也可能會在它清掃的時候搬動障礙物，所以無法照顧到每一個地方。如果感測器受到部分阻礙，導航也可能變得比較困難。比方說開到沙發底下的掃地機器人往往會「瞎掉」，有時還會嚴重迷路！

最聰明的掃地機器人會把你家的地圖畫給你看，讓你告訴它應該專注在哪個地方、避開哪個地方。樓梯仍然是掃地機器人的未竟之地，但 2020 年 Dyson 已經替會爬樓梯的掃地機器人申請專利了，拭目以待吧！

我們能和 AI 建立「人」際關係嗎？

會成為你最好的朋友嗎？不遠的將來，你將會開始遇到想要和你交朋友的 AI。

AI 朋友有很多好處。它隨時都在（甚至半夜兩點），永遠不會厭倦和你說話，但你的人類朋友可能會因為你一直抱怨工作或伴侶而覺得煩。

雖然 AI 朋友很方便，它的成本卻會超出其效果。對 AI 伴侶有疑慮的理由之一，就是你不知道它的動機，或正確來說，控制 AI 的人的動機。

AI 可能會暗地支持某個候選人、推銷某產品或製造混亂。同時，雖然大多數人類都覺得在人前假裝很不舒服，如果我們傷害某人，我們會有罪惡感，可是機器沒有心智，不會有這種問題。

現在的機器也漸漸變得比大多數人類更有說服力了。最近有研究指出，ChatGPT 產生的疫苗宣傳比政府做的更有效，而這樣的能力可以輕易用到比較糟糕的意圖上。

機器產生的文字是經過無數次互動訓練出來的結果，從網路新聞頭條經常性的改變可以看到這樣的演化：在紙本報紙的時代，下標的人只有一次機會寫出吸引讀者的標題；現在大多數的刊物都會多次改變網路上的文字，同時觀察幾千位讀者對不同的版本有什麼反應，以及新版是否能得到更好的結果。同樣地，AI 朋友的所有表現，都能透過分析它與許多用戶的互動效率，來進一步改良、修正。

若是一種製造成真正的伴侶，而不是想推銷東西或密謀鬧事的 AI 朋友呢？它們能解決我們的孤獨危機嗎？已經有研究證實積極主動參與社交生活的人活得比較久、健康和快樂。那麼 AI 朋友能不能成為社交版的維生素，讓無法取得理想飲食（或活躍又超棒的朋友）的人能補充所需呢？

這邊主要的問題是對方的心智，或者說沒有心智。想像一下每次你看到有趣的東西，然後打算之後要告訴朋友。你為什麼會這樣做？可能是因為對方心情不好、你想讓他打起神，或是你想讓對方對於你找到怪、美麗事物的能力感到佩服。不管怎麼樣，你心裡想的是要製造對方的某種體驗，或是對方對你的想法。如果有種東西沒有自己的心智，也就是沒有想法，只會模擬

Replika 是一款生成式 AI 聊天機器人 app，宣稱旗下的視覺化人物 AI 伴侶可以傾聽並與人對話，並且永遠站在使用者這邊。

有心智的人的言詞或行為，那它可以算是朋友嗎？

社會的組成仰賴我們對別人有什麼感覺的關心。同理心就是其中一環：我們可以感覺到我們在乎的人的快樂或悲傷，也在乎別人對自己的想法。羞恥、尷尬等情緒被用在惡意或威嚇時，可能會造成傷害，但這些情緒也是保持社會運作的必要元素：我們之所以「做對的事」，或願意和別人合作，都是因為我們在乎別人的看法。

而若是能讓別人對我們有好的評價，或是單純喜歡有我們在身邊、在乎我們之間的友誼，這樣我們的心情都會好很多。關鍵是這些「其他人」必須是擁有知覺的存在、可以產生想法、表達情緒。AI 可以設計成模仿情緒的外在特徵（哭、笑、嘆氣等），但它沒辦法真的有感覺，因為它並不是有知覺的存在。

這是否代表我們應該避免與 AI 互動呢？那倒未必。AI 還是可以提供很多好處。它可以幫助人們思考怎麼度過難關、讓人練習社交技巧，也能提供深入的回饋。但它做這些事情並不需要具有知覺和情緒。

活著、有知覺的朋友或許難以預料、要求很多，但即使我們越來越常和日漸先進的 AI 互動，我們還是必須擁抱真正的雙向互動所帶來的種種副產物，並依然在乎、回應別人的生活體驗。

「我不是機器人」未來還有用處嗎？

現今 AI 非常強大，已可輕易解開大多數的 CAPTCHA 認證。CAPTCHA 是種全自動區分電腦和人類的公開圖靈測試，往往會呈現圖片或扭曲變形的文字供使用者辨識或解釋，從而證明自己是人類。

圖片型的 CAPTCHA（稱為 reCAPTCHA）最初問世，其實也是為了幫助 AI 加強辨識文字的能力，以便提升數位化書籍的效率。這項技術由多鄰國（Doulingo）的共同創辦人路易斯・馮・安（Luis von Ahn）發明，透過要求人類使用者辨識模糊難解的 CAPTCHA 字詞，同時教導 AI 如何辨別字詞。

我們現在已經不用這種方式來訓練 AI，畢竟它們早已有能力因應這項任務。2023 年 7 月發表的研究指出，多數 AI 可解出 CAPTCHA 圖片，準確度達 96%，比人類介於 50 到 86% 不等的答對率還高。AI 甚至能夠模仿人類，藉此欺騙機器人偵測機制，例如重現我們拙劣的準確度，或甚至模擬我們判斷要點擊哪些圖片的滑鼠移動軌跡。

誠然，現今的 reCAPTCHA 有無比先進的安全機制。就連「我不是機器人」的方塊都設有多層加密，而且會解析大量的使用者資料，例如時區、IP 位址、螢幕大小、瀏覽器和外掛程式、按鍵動作、滑鼠點擊、瀏覽紀錄，以及其他我們可能不曉得的事物。但 AI 是否也很快便能欺瞞這些機制？答案是肯定的。

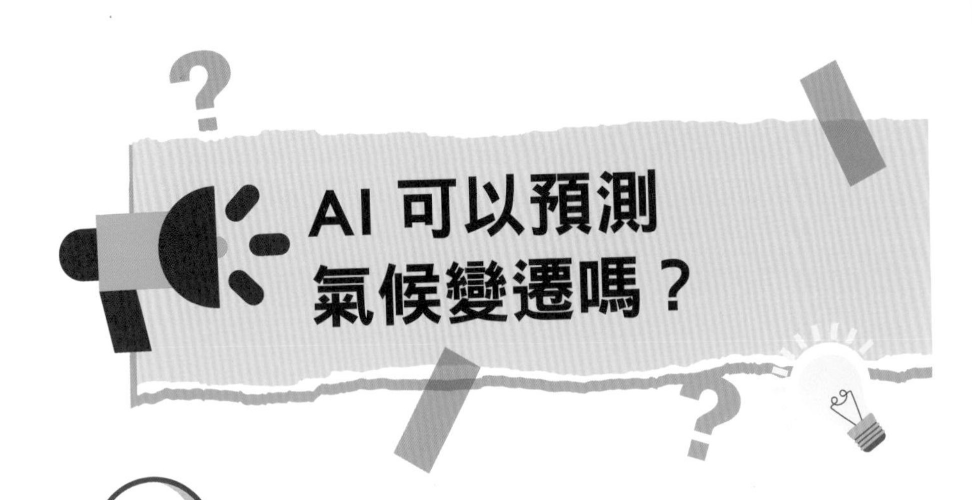

AI 可以預測氣候變遷嗎？

新的 AI 工具能夠幫助我們從太空監控地球，連街道都看得清清楚楚。此工具發表於 2023 年 11 月聯合國氣候變遷大會 COP28，開發方 NASA 與 IBM 表示它能夠量測已經發生的環境變遷，並做出更準確的預測。

該系統可以幫助有關當局在極端氣候事件發生以前做出緊急計畫，並能幫助我們在未來避免致命災害。

這項工具將會類似 3D 衛星視覺化電腦程式 Google Earth，但使用者能藉演算法在不同圖層之間切換，例如樹木覆蓋率、碳排放量，以及洪水或森林火災風險。在今年，這項工具將開放給所有人：國家、企業、慈善機構，也包括你。

IBM 愛爾蘭與英國歐洲研究中心主任胡安・伯納貝－莫雷諾博士（Juan Bernabé-Moreno）說，理論上你可以用它來規劃是否應該前往某個地方旅行或是購置房產，「使用的方法因人而異，將其開源意味著將其交到社群手中。」

這項工具是運用 AI 的基礎模型，可以使用原始資料映射出複雜的系統，IBM 利用 NASA 的專業技術以及龐大的資料庫（包括從衛星取得的資訊）來打造它。不過用你信任的舊筆記型電腦可能無法使用這項新工具。根據伯納貝－莫雷諾的說法，它可能需要「好幾個」GPU。GPU是能夠生成複雜圖形與視覺效果的元件，有些高階效能的電競型電腦配備兩個GPU。

在未來，將這種生成式AI應用在氣候能夠做出更準確的預報，並讓我們能夠更準確預測龍捲風、乾旱，以及其他極端氣候事件，這能夠幫助我們更精確瞭解氣候變遷的影響，例如大規模的極地冰融可能會如何影響人類生活。

伯納貝－莫雷諾說這項工具也能夠讓社群監督政府是否落實承諾。事實上，肯亞政府已經使用該工具的初期版本來追蹤重新造林計畫，該計畫橫跨該國西部的六個縣。這是伯納貝－莫雷諾所說「天氣與氣候民主化」的其中一環，「我們將能夠建構氣候與天氣模型的能力交給社群，這就是其絕妙之處。」

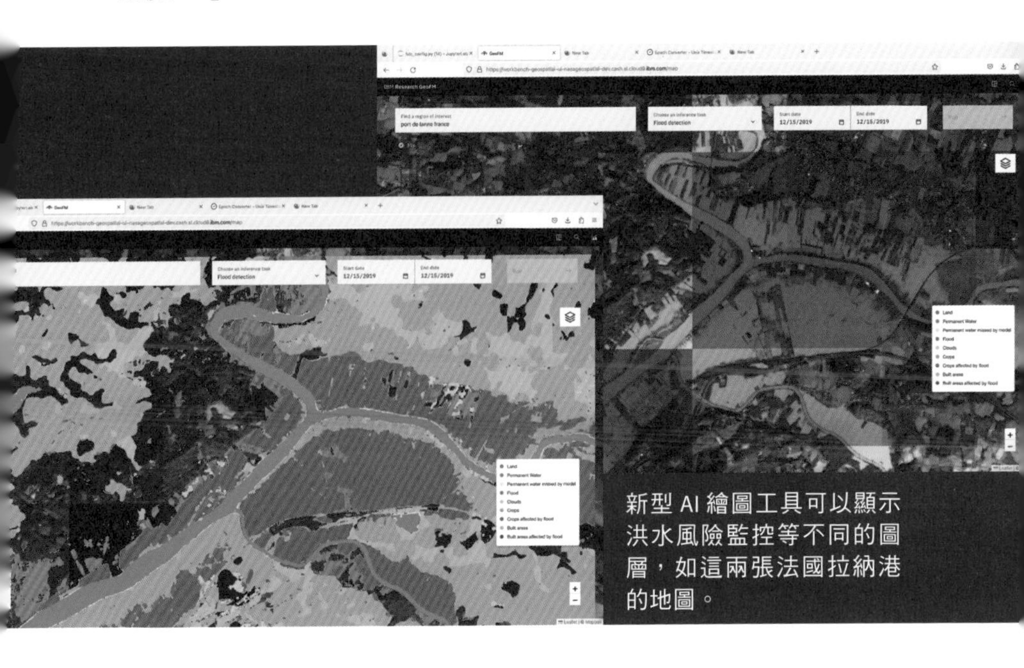

新型AI繪圖工具可以顯示洪水風險監控等不同的圖層，如這兩張法國拉納港的地圖。

如何研究南極冰層底下的地形？

在南極洲，今日的水流與火山活動影響了冰層融化的量以及速度。但是某些科學家更關心過去的地殼活動，因為這些活動會影響地殼上的冰因為氣候變遷而融化的速度。

如何研究冰層底下的地形是個挑戰。Windracers ULTRA（UncrewedLow-cost TRAnsport）無人機（如圖）應運而生：這是用於極端環境的自動駕駛飛行器。英國南極調查局（BAS）計畫使用它來探索歷史的地質事件會如何影響未來的融冰情形，希望能夠做出更準確的預測。

BAS 的大氣地球物理學家湯姆・喬丹博士（Tom Jordan）說這項技術將會改變南極及世界各地的科學監控，「它打開了許多扇門。」這種無人機可以攜帶各種感測儀器，在掃描冰層底下地表的同時，駕駛員與科學團隊可以在基地安全遠端遙控。

喬丹參與了 BAS 與 Windracers 團隊在 2023 年初的南極研究，進行為期一個月的無人機測試。他表示，「南極洲是地球上最神祕的地方。」

在南極洲某些地帶，根本沒有任何板塊結構的資料，原因多半來自於燃料的限制。ULTRA 無人機能夠讓科學家進行更全面的掃描，以瞭解冰層下封藏的地形。未來，AI 駕駛的無人機可以在南極完成相互協調、自我引導的任務。

ULTRA 無人機要觀測什麼？

它的載重可達 100 公斤，航行距離達 1,000 公里時，使用的燃料比目前的飛行工具少 90%，這讓它可以抵達偏遠的目的地。飛行機的地板可拆卸，以裝備許多種感測儀器，特別是其中三種可以幫助科學家對於南極冰層下的板塊結構有更清楚的理解：

- 磁力感測儀器偵測不同岩石的組成與形態。
- 重力感測儀器測量岩石密度。
- 雷達感測儀器使用脈衝無線電的回波測量冰層厚度。

科學家也會使用光譜訊號相機以及高解析度相機測量融冰與監控野生動物族群。

《魔鬼終結者 2》裡的 T-1000 機器人成真了？

美國賓州卡內基美隆大學的研究人員展示了一台機器人，它可以先變成液態，然後再重組成原本的固態，就像電影《魔鬼終結者 2》（*Terminator 2: Judgment Day*）裡駭人的 T-1000 一樣。

這種機器人的設計者展示其性能的方法，是先把它關在籠子裡，然後再讓機器人變成液體、鑽過籠子的欄杆，然後才在籠子外面重組成型。團隊藉著在熔點僅有攝氏 29.8 度的鎵金屬中加入磁性粒子，來打造出這種相變機器人。

相變機器人的正式名稱是「磁力啟動式固液態相變機」（magnetoactive solid-liquid phase transitional machine），而相變指的是物質從一個相（固相、液相、氣相或電漿）變成另一個相的過程。物質如果得到或失去夠多能量，就會發生相變。

以這台相變機器人來說，它可以加熱變成液態，或是冷卻變成固態，過程由外在的磁場控制。同樣的磁場也可以用來讓機器人移動。

「嵌入機器人的磁性粒子擁有兩種功能。」卡內基美隆大學的資深研究員兼機械工程師卡梅爾・馬吉迪教授（Carmel Majidi）表示，「一個功能是讓材料會對來回切換的磁場作出反應，這樣透過磁場感應，就能讓材料加熱以進行相變。磁性粒子同時也讓機器人能依磁場移動。」

這款機器人雖然目前還在概念驗證階段，但未來可望有多種不同的應用方式。研究人員已成功從胃部模型中移除過異物，還成功將這款機器人當作投藥系統使用。這組機器人甚至還可以擠進難以進入的空間來當作焊條使用，或是流入有螺紋的螺絲孔裡，然後固化變成螺絲。

《魔鬼終結者 2》裡的 T-1000 使用「仿生多合金」（mimetic polyalloy）構造來偽裝自己，並將四肢變成武器。

「未來的工作會進一步探索這種機器人在生醫領域的運用方式。」馬吉迪說，「這回示範的只是單次的功能展示兼概念驗證，但我們還需要更多研究，才能深入探討怎麼把它用在投藥或移除異物上。」

透過在液態和固態之間切換，這款相變機器人（外觀類似於樂高小人偶）成功穿過了籠子欄杆間的縫隙而脫逃。

什麼時候會有大型變形機械裝甲可以穿？

圖中這台巨大可駕駛機器人 Archax 來自燕工業（Tsubame Industries），其設計是模仿科幻動畫系列《鋼彈》（*Gundam*）中的機器人，以四個輪子站立，高 4.5 公尺，重 3.5 噸。駕駛艙中裝有許多螢幕、按鈕以及攝影機，能夠讓駕駛員控制 Archax 的腿、手臂以及手掌來移動物品，並與環境互動。

Archax 能以直立的機器人模式運作，或是變成一輛車，以時速 10 公里的速度行駛。

目前燕工業只生產了五架 Archax，每架的預期價格為四億日圓（約新台幣 8,400 萬元）。初步的目標客群為超級富豪，但燕工業未來希望能夠將它用於救災與太空產業。

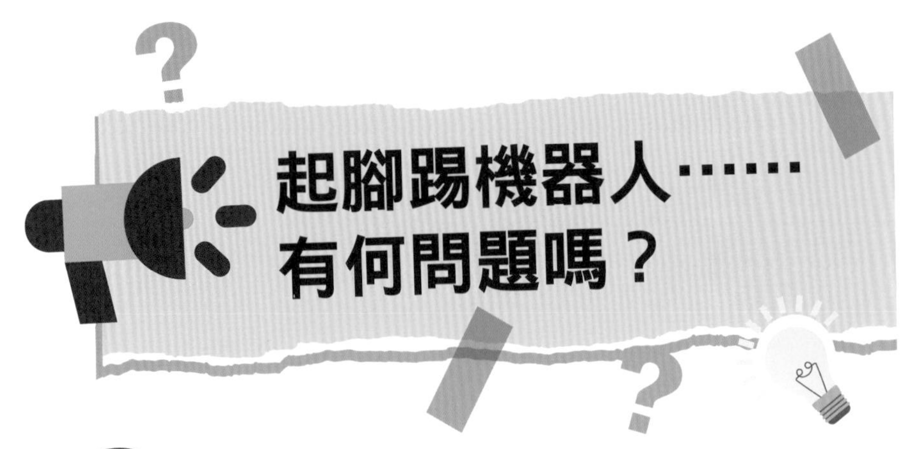

起腳踢機器人……有何問題嗎？

如果一個東西沒有感覺，你就不會傷到它，對嗎？那還有什麼問題呢？

幾年前，有人的公司使用聊天機器人來協助新人適應環境，結果發現有個人對這個聊天機器人的態度比對其他人惡劣非常多。這算是人資上的問題嗎？我們不知道，但就算機器沒有感覺，最好還是多想想怎樣的人類行為是好的、怎樣是不好的。

在接下來的 10 年內，我們與身邊科技裝置的關係會變得有趣很多。先進的聊天機器人與機器人伴侶正在蓬勃發展。它們既能掌握人類的社交本性，也能讓我們表現得像是自己正在和一個活人互動一樣。而這點就製造了一個問題：什麼叫做對一個人造物實施肢體或言語暴力？

已經有人開始思考這個問題了。舉例來說，在各家廠商大量採用虛擬語音助理的時代，就有家長認為客廳的小型喇叭正在教他們的孩子各種無禮的說話方式。像 Amazon 和 Google 等大型企業對此的回應，就是推出選用式的功能，能鼓勵使用者多說「請」和「謝謝」，避免小朋友學會對這些裝置亂吼命令。

當然，我們並不是在傷害機器，所以真正的顧慮其實是「虐待」人造物會造成一個人在別的狀況下也做出不好的行為。

有研究人員在 2015 年調查這個概念時發現，一個人的同理心與他願意如何對待機器人之間存在關聯。另外，也有許多研究證明，一個人如果看到有人對機器人施暴，是會覺得難過的。

但就算人類的同理心與對待機器人的方式之間有關聯，這也還是沒有回答到我們的問題：毆打機器人會讓人變得更暴力嗎？我們的社會早就針對色情產品與電玩遊戲提出過類似的問題，最後只得到一些沒有決定性的結果。在大多數狀況

下，人們似乎還滿能區分情境的，也就是說，玩過《俠盜獵車手》（*Grand Theft Auto*）的人並不代表他出門上班時就會試圖撞死停車場裡的人。

或許電玩遊戲大多沒有什麼害處，但有實體的機器人會不會帶來不同的結果呢？我們都是有實體的生物，也有研究證明我們對有實體的機器人和螢幕上的人物具有不同的反應，有一部分是因為我們在生物學上就是會對實物的動作有反應。人們會主動假定任何會動的東西就是「活的」，甚至包括某個研究裡一根隨機移動的棍棒。隨著機器人的設計越來越精密，生物與類生物之間的界限或許對我們的潛意識而言將變得越來越模糊。

如果是這樣的話，或許讓人們把自己的攻擊性和挫折感發洩在會模擬疼痛的人形、動物形機器人身上會是個好主意。畢竟這樣一來，這些人就不會傷害到任何真正的生物，因此或許不失為一個健康的暴力行為發洩管道。但另一方面，如果這會造成人們對其他情境下的暴力感到麻木，那就糟了。一個小朋友如果踢著機器狗長大，就會覺得踢一隻真的狗沒什麼了不起嗎？

不幸的是，這種麻木的狀況很難研究。長期的行為變化很難歸因於明確的一、兩個原因。一些有限的研究已經試圖探討機器人與有語言能力的人造物在這方面的問題，但整體來講還是沒有一個像樣的答案。

殘忍對待機器人會讓我們本身變得更殘忍，這樣的想法很類似康德（Immanuel Kant）的動物權哲學（其重點並不在於保護動物本身）。但這樣的主張要站得住腳，得先取得充足的證據來支持它才行。畢竟如果殘忍對待機器人並不會真的讓人變得有反社會傾向，那就不必那麼擔心了。可是或許除了康德的思想以外，還有別的方法可以來討論這個問題。

哲學家夏農．瓦勒教授（Shannon Vallor）在她的著作中，提供了一個略有不同的見解，「從道德的角度來看，那些大多數空閒時間……都在折磨機器人的人……他們的生活過得並不好、不怎麼豐富，因為這樣的活動並沒有培養什麼讓人變得更好、過得更豐富的性格特質、技能或動機。」她認為我們應該轉而鼓勵人們表現出我們認為好的、值得讚賞的性格特質。

目前看來，不要讓容易受到影響的孩童接觸到虐待機器人的機會似乎是合理的作法，至少也要持續到有更多研究證明接觸這樣的行為有什麼樣的影響為止。對其他人來說，不要粗魯地對待人造物也或許比較好。沒錯，虐待機器人沒有比虐待生物嚴重，但到底為什麼要這麼做呢？就像瓦勒說的一樣，或許我們更該多一點善意。

EARTH 030

為什麼吃飽就打瞌睡？洗澡時唱歌超好聽？掃地機器人怎麼知道往哪走？BBC專家為你解讀生活小細節

作者	《BBC 知識》國際中文版
譯者	吳侑達、黃妤萱、常靖等
責任編輯	洪文樺
總編輯	辜雅穗
總經理	黃淑貞
發行人	何飛鵬
法律顧問	台英國際商務法律事務所　羅明通律師
出版	紅樹林出版 臺北市南港區昆陽街16號4樓 電話：(02) 2500-7008　傳真：(02) 2500-2648
發行	英屬蓋曼群島商家庭傳媒股份有限公司城邦分公司 聯絡地址 臺北市南港區昆陽街16號5樓 書虫客服專線：(02) 25007718．(02) 25007719 24小時傳真專線：(02) 25001990．(02) 25001991 服務時間：週一至週五09:30-12:00．13:30-17:00 郵撥帳號：19863813　戶名：書虫股份有限公司 讀者服務信箱 email：service@readingclub.com.tw 城邦讀書花園：www.cite.com.tw
香港發行所	城邦（香港）出版集團有限公司 地址：香港灣仔駱克道193號東超商業中心1樓 email：hkcite@biznetvigator.com 電話：(852) 25086231　傳真：(852) 25789337
馬新發行所	城邦（馬新）出版集團 Cité(M)Sdn. Bhd. 41, Jalan Radin Anum, Bandar Baru Sri Petaling, 57000 Kuala Lumpur, Malaysia. 電話：(603) 90563833　傳真：(603) 90576622 email：services@cite.my
封面設計	葉若蒂
內頁排版	葉若蒂
印刷	卡樂彩色製版印刷有限公司
經銷商	聯合發行股份有限公司 客服專線：(02)29178022　傳真：(02) 29158614

2024年（民113）12月初版
Printed in Taiwan
定價450元

ISBN 978-626-98309-8-5

國家圖書館出版品預行編目(CIP)資料

為什麼吃飽就打瞌睡?洗澡時唱歌超好聽?掃地機器人怎麼知道往哪走?BBC專家為你解讀生活小細節/<<BBC知識>>國際中文版作；吳侑達,黃妤萱,常靖等譯. -- 初版. -- 臺北市：紅樹林出版：英屬蓋曼群島商家庭傳媒股份有限公司城邦分公司發行, 民113.12　面；　公分. -- (Earth；30)　ISBN 978-626-98309-8-5(平裝)
1.CST: 科學 2.CST: 問題集
302.2　　113015760

BBC Worldwide UK Publishing

Director of Editorial Governance	Nicholas Brett
Publishing Director	Chris Kerwin
Publishing Coordinator	Eva Abramik

UK.Publishing@bbc.com
www.bbcworldwide.com/uk--anz/ukpublishing.aspx

IMMEDIATE MEDIA Co